# 集団的自衛権のトリックと安倍改憲

## 「国のかたち」変える策動

東京新聞論説兼編集委員
半田 滋
Handa Shigeru

高文研

もくじ

## Ⅱ章 海外の武力行使求める報告書

## Ⅲ章 「国家安全保障基本法」の罠

## Ⅳ章　「防衛計画の大綱」へ自民党が提言

## V章 自衛隊の「国防軍」化からみえるもの

装丁＝商業デザインセンター・増田絵里

# はじめに

## ＊「戦前への回帰」は安倍首相によるクーデターか

安倍晋三首相はどこまで突っ走るのだろうか。

「憲法改正して『国防軍』をつくる」「集団的自衛権行使を容認する」と主張して、国会で改憲勢力を結集しようとしている。過去の侵略戦争に対し、深いおわびと痛切な反省を表明してきた日本政府の歴史認識を見直すというのだ。

戦後の日本は、太平洋戦争の反省からスタートした。不戦を誓って日本国憲法をさだめ、「平和主義、国民主権、基本的人権の尊重」の三大原則のもと、吉田茂首相が敷いた「軽武装、経済優先」路線を歴代首相は引き継いできた。

アジアで唯一の先進国になった日本は、巨額の途上国開発援助（ＯＤＡ）を続け、企業は途上国に工場を持ち、自衛隊は海外で武力行使することなく「人助け」に徹するという「謙虚な金満国」となって世界の注目を集めた。

二〇一二年、英国営放送のＢＢＣが二十二カ国で行った「世界によい影響を与えている国」の調査で日本は二〇〇八年以来、二度目の一位に選ばれた。以下、ドイツ、カナダ、英国の順で、国際的な貢献が高評価につながっていることが分かる。

安倍首相は、「世界によい影響を与える日本」が気に入らないのだろうか。二〇〇六年の第一次安倍政権では「戦後レジームからの脱却」を打ち出し、戦後の日本を否定する試みを始めた。再登板した今回、「憲法改正」とともに歴史認識の見直しを公言している。「侵略の定義はさだまっていない」と堂々と述べる安倍首相が「日本を取り戻す」というのだから、「戦前への回帰」を目標にしていると考えるほかない。保守政治が築いた戦後体制を根底から覆すというのである。

これは首相によるクーデターではないのか。国家が転覆していく様を、なぜか政治家や官僚、マスコミはうっとりみつめている。

### ❇国家主義むき出しの「自民党改憲草案」が目指すもの

改憲勢力は自民党、日本維新の会、みんなの党の三党である。衆議院で改憲発議に必要な総議員の三分の二を確保した。夏の参議院選挙で三分の二の議席に達すれば、日本国憲法に対する初の改憲発議は可能になる。

その際、自民党は改憲規定を三分の二から過半数へ引き下げる憲法九六条の改定から着手すると参議院選挙の公約にした。自民党は二〇一二年四月、「日本国憲法改正草案」を発表、安倍首相はこの自民党草案を日本国憲法と置き換える考えを明らかにしている（四月十七日読売新聞インタビュー記事）。

自民党の草案は「国民に義務を課し権力者に従わせる」との理念が貫かれており、「国民の自由や権利を守るため権力者を縛る」という日本国憲法とは似ても似つかない内容になっている。これほど国家主義を明快に打ち出したトンデモ憲法は、先進国のどこにもない。しかし、九六条改定が実現すれば、他の条項の改憲発議も簡単になり、トンデモ憲法の制定が加速される。

将来、自民党憲法を持ち、歴史認識を修正した日本が他国からどのように評価されるか考えなければならない。中国、韓国はもちろん、旧日本軍の侵略を受けた東南アジアの国々は強く警戒し、距離を置くのではないだろうか。米国は「国防軍」を持った日本を手下のように使い、海外の戦場へ米国の若者に代わって日本の若者を送り出すよう求めるだろう。あるいはアジアで警戒される日本を地域の不安定要因として突き放すかも知れない。太平洋戦争に突入する前夜のような国際的孤立を余儀なくされるのではないだろうか。

だが、改憲の前に国民投票がある。投票の結果、反対多数となり、改憲できないとなれば、〝残念でした〟で終わるはずがない。内閣は正統性を失ったとして退陣を迫られることになろう。

だが、自民党が考えているのは、そんな危険を冒すことなく、しかも手っとり早く、改憲したのと同じ効果を持つ法律を制定することである。法律によって憲法解釈が変われば、護憲勢力もやる気をなくし、本丸の改憲へ歩を進めることができる。だからこそ、二〇一二年十二月の衆議院選挙で「憲法改正して『国防軍』をつくる」だけでなく、「集団的自衛権行使を可能にし、『国家安全保障基本法』を制定する」と二本立てで訴えたのである。

## ❇「集団的自衛権」のトリックにだまされないために

二〇一二年七月、自民党総務会は「国家安全保障基本法」を制定することを決め、法案概要を作成した。概要には集団的自衛権の行使、海外における武力行使が列挙してある。いずれも現行の憲法解釈では禁止されているが、それらを立法措置によって可能にする「魔法の法典」をつくろうというのだ。

これらの項目の中で、安倍首相が重要視するのが、二月の訪米でオバマ大統領に検討を始めたと伝えた「集団的自衛権行使の解禁」である。訪米前、第一次安倍内閣と同じメンバーを集め、有識者懇談会（安全保障の法的基盤の再構築に関する懇談会）を再編成した。

検討を命じた四つの類型のうち、集団的自衛権行使に関係するのは「自衛艦と並走する米艦艇の防護」「米本土を狙った弾道ミサイルの迎撃」がある。前回、懇談会は憲法解釈では禁止された集団的自衛権行使にあたるが、踏み切らなければ日米同盟は崩壊すると結論づけた。世界最強の米軍を擁する米国が攻撃されるという「天が落ちてくる」のと同じくらいあり得ない事態を想定して、大まじめで自衛隊が対処しなくてどうすると国民を脅したのである。

私はこれを「集団的自衛権のトリック」と名付けることにした。安全保障や日米関係、政治史などを学べば、四類型の詐術にひっかかる心配はないが、民主党の細野豪志幹事長はまんまと乗せられ、「検討が必要」と述べている。

参議院選挙の結果がどうあれ、「憲法改正」に執念を燃やす安倍首相は目標めがけて動き始めるだろう。その様を黙ってながめるほど、多くの日本人は愚かではないと信じたいのだ。

本書は、安倍首相にブレーキをかけるため、四類型のいんちきを暴き、「国家安全保障基本法」の中身を検証して、改憲の狙いがどこにあるかを探り、自衛隊が「国防軍」に変わって起こる未来について検証している。

国会議員選挙、あるいは将来にあり得る改憲のための国民投票の際の参考にしてほしい。

なお登場人物の肩書きは、記述の時代当時のものを使用している。

# Ⅰ章　あり得ない問題設定

迎撃ミサイルを発射するイージス護衛艦「こんごう」（防衛省提供）

## 1　安倍政権「改憲」の血脈

### ❇教育基本法「改正」と防衛「省」昇格

安倍晋三首相の体内には、母方の祖父である岸信介元首相が目指しながらなし遂げられなかった〝憲法改正の血〟が流れている。第一次安倍内閣（二〇〇六年九月二十六日～二〇〇七年八月二十七日）では、戦後を否定する「戦後レジームからの脱却」を掲げ、日本の血脈を改憲へと導いた。

最初に手がけたのは憲法との関係が表裏一体の特別な法律である教育基本法の改正だった。明治時代から太平洋戦争まで国民に徹底された教育勅語は、国と皇室に忠義を尽くせ、と命令を並べたてて天皇のために命を捧げる国民をつくり上げた。敗戦後、教育勅語が廃止され、戦争放棄を定めた日本国憲法が誕生すると間もなく、教育基本法が施行された。

教育基本法は特別な法律である。前文で日本国憲法の意味について触れ、「この理想の実現は、根本において教育の力にまつべきものである」とあり、平和憲法を根付かせるための法律であることを明記している。

安倍氏が教育基本法を変えた理由はここにある。憲法改正のためには、日本国憲法の実現を目的に掲げた教育基本法は邪魔者でしかない。この法律の改正を改憲のための呼び水にしたいと考えたのである。「最優先課題」と公言して改正した教育基本法の教育目標に、「国を愛する態度を養う」ことが加えられた。

次に間髪を入れることなく、防衛庁を防衛省に昇格させた。内閣府の外局に過ぎない「庁」から「省」への昇格は、防衛省・自衛隊を国家組織として重く位置づけたことを意味する。自衛隊の役割が内向きの「専守防衛」から外向きの「海外における武力行使」に変わることを視野に入れた組織改編といえた。

教育基本法の改正、防衛省昇格に続いて、次に踏み切ったのが国民投票法の制定である。憲法の規定から、改正は国民投票を避けて通れない。安倍氏は手つかずだった国民投票手続きの大枠を定めたのである。

## ＊「憲法九六条改正」の悪質さ

ここまで進めたところで安倍氏は政権を投げ出し、退陣した。途中、三年三カ月の民主党政権がリベラル路線を放棄して、「防衛計画の大綱」を実戦的な内容に変えたり、武器輸出三原則を緩和したりと自民党政権よりも右に振れたせいだろうか。自民党は野党に転落した直後に党綱領をあらため「日本らしい日本の保守主義」を政治理念にした。

地金をあらわにできる環境が整ったところで安倍氏は自民党総裁に返り咲いたのである。二〇一二年十二月の衆議院選挙で「憲法改正して『国防軍』をつくる」「集団的自衛権行使を容認する」とあらためて第一次内閣の積み残した改憲テーマを訴えた。

再び首相の座についた安倍氏は、二〇一三年七月の参議院選挙で「憲法九六条改正」を公約に掲げた。九六条は改憲規定をさだめた要件で、衆参両議院の総議員の三分の二以上の賛成で、国会が改憲を発議するという規定を法律制定と同じ過半数に引き下げようというのだ。

これをスポーツに例えれば、選手たちが自分たちにとってやりやすいようルールを変えるのと同じことである。三分の二規定を過半数に引き下げることは、本来なら時間のかかる競技を短時間で終わらせるためのルール変更と変わりない。変更され、簡略化されたルールに基づいて、今後の競技を進めようというのだ。

今後の競技とは、九条をはじめとするその他の条文の改定を意味する。そんなプレーヤー（国会議員）優先になったご都合主義の競技を見たいと願う観客（国民）などいるだろうか。

## ＊目指すは「権力者が国民を縛る国」

改憲して何がしたいのか、石破茂自民党幹事長は戦争放棄を定めた九条の改定を「念頭に投票していただきたい」と九条改定が本丸であることを示唆しているが、安倍首相は本音を明らかにしていない。

目指す目標が権力者のための桃源郷をつくることだとしても、改憲までは道のりが長い。そこで、できるところから手を着けていこうとしている。

安倍首相は二〇一三年二月の訪米直前、第一次安倍内閣と同じメンバーを集めて私的諮問機関「安全保障の法的基盤の再構築に関する懇談会」を再開させた。メンバーは以下の通り。

岩間陽子（政策研究大学院大学教授）
岡崎久彦（特定非営利活動法人岡崎研究所所長・理事長）
葛西敬之（東海旅客鉄道株式会社代表取締役会長）
北岡伸一（国際大学学長・政策研究大学院大学教授）

坂元一哉（大阪大学大学院教授）
佐瀬昌盛（防衛大学校名誉教授）
佐藤　謙（公益財団法人世界平和研究所理事長［元防衛事務次官］）
田中明彦（独立行政法人国際協力機構理事長）
中西　寛（京都大学大学院教授）
西　修（駒澤大学名誉教授）
西元徹也（公益社団法人隊友会会長［元統合幕僚会議議長］）
村瀬信也（上智大学教授）
柳井俊二（国際海洋法裁判所長［元外務事務次官］）

懇談会は第一次安倍内閣の退陣後、憲法九条で禁じた集団的自衛権の行使を解禁すべきだとの報告書を出した。受け取ったのが改憲に慎重な福田康夫首相だったので報告書は、そのまま棚上げされ、うやむやになった。

訪米直前、懇談会を再招集したこと自体に日本は「変わる」とのメッセージが込められている。

## 2　意外だった米国の冷たい対応

### ＊安倍首相がオバマ大統領に〝冷遇〟されたわけ

二〇一三年二月二十二日、ワシントンＤＣのホワイトハウスで、オバマ大統領と会った安倍首相は、日本の首相として初めて、集団的自衛権行使の検討を始めたことを伝えた。行使容認は懇談会答申の核心部分である。オバマ大統領は「日米同盟はアジア太平洋の礎だ」と述べたものの、それ以上は踏み込まず、「両国にとって一番重要な分野は経済成長だ」とかわした。

安倍首相は参議院選挙後とみられた環太平洋パートナーシップ（ＴＰＰ）協定への参加を「検討する」と踏み込んで伝えたが、オバマ大統領の態度は変わらなかった。本来、日本政府が希望した一月中の日米首脳会談を米側は「多忙」を理由に断り、双方の事務方がＴＰＰ参加検討について、日本側が伝えることを条件に一月遅れの会談が実現したのだから、オバマ大統領にとってはシナリオ通りに会談が進んだにすぎない。

米国による冷遇ぶりは、韓国の朴槿惠《パククネ》大統領への対応と比べれば分かりやすい。五月に初めて訪米した朴大統領にはオバマ大統領と並んで行う共同記者会見が用意され、米議会での演説があったのと比べ、安倍首相は共同記者会見も、米議会での演説もなかった。

日本は中国との間で尖閣諸島の問題を抱えている。集団的自衛権行使の検討を手土産に中国との戦争に巻き込まれてはかなわない、オバマ大統領はそう考えたのではないだろうか。米国にとって最大の貿易相手国は日本ではなく、中国である。他国の、それも小さな島のやり取りに介入して国益を損なうことの重大性に鑑みれば、安倍首相の誘いに乗らなかったのもうなずける。

## ✻米国の優先課題は「戦争」よりも「財政再建」

第一次安倍内閣で米国はブッシュ大統領のもと、イラク、アフガニスタンで二つの戦争を遂行していた。当時のゲーツ米国防長官は退任する際、側近に「異国の地でアメリカの若者が命を落としていくことは耐えがたい思いだった」と述べている。仮に当時、日本が集団的自衛権行使に踏み切っていれば、米国は自国の若者の命を日本の若者が代替することにもなるため、歓迎したことだろう。日米関係は強固な「血の同盟」に祭り上げられたかも知れない。

日本を米国の思い通りの国に誘導することでメシを食っている〝ジャパン・ハンドラー〟と呼ばれる人々のうち、リチャード・アーミテージ元国務副長官は二〇一二年八月に発表した「アーミテージレポート」で、「集団的自衛権の禁止は、この同盟にとって障害になっている」と行使解禁を求めた。レポートはそれ以前に二〇〇〇年十月、二〇〇七年二月にも公表され、同様の主張が繰り返されている。

だが、オバマ大統領はブッシュから引き継がれた二つの戦争により、毎月一兆円もの戦費が国庫から消えるマイナス財政からのスタートを余儀なくされている。二つの戦争に投下された戦費は累計百兆円以上にものぼり、オバマ大統領の政策遂行を妨害してきた。大統領は、まずイラクから軍を全面撤退させた。アフガニスタンからも一四年末には撤退させる。

三期目はない二期目に突入したオバマ大統領にとって、必要なのは政策実現のための財政の建て直しであり、戦争遂行ではない。予算の強制削減を開始する中で、削減額の半分にあたる五百五十億ドル（約五兆五千億円）を国防費の歳出カットで賄うことにしたところにも大統領の考えがみてとれる。

## ✻「歴史認識の見直し」が招く日本の国際的孤立

米政府が安倍首相と距離を置いたもうひとつの理由は、安倍氏や自民党が歴史認識の見直しにこだわることにある。安倍政権は、過去の植民地支配と侵略への痛切な反省と心からのおわびを示した一九九五年の「村山談話」、また朝鮮半島などの慰安所設置に旧日本軍が関与したとの九三年の「河野談話」の見直しを公言している。

安倍首相は、四月二十三日の参院予算委で「村山談話」について聞かれ、「侵略という定義は学界的にも国際的にも定まっていない。国と国との関係でどちらから見るかで違う」と答弁した。首相がいうのだから、正しいと思うと間違える。

一九七四年の国連総会決議3314は「侵略とは、国家による他の国家の主権、領土保全もしくは政治的独立に対するまたは国際連合の憲章と両立しないその他の方法による武力の行使であって、この定義に述べられているものをいう」と侵略の定義を明快に示し、条文で具体的な侵略行為を挙げている。全会一致で決議された。日本は、もちろん賛成した。この点を含め、国会で追及されても、安倍首相は「侵略戦争だった」とは認めていない。

これに先立ち、靖国神社の春の例大祭で麻生太郎副総理など閣僚三人を含む国会議員百六十八人（うち自民党百三十二人）が公式参拝した。マスコミが参拝した国会議員の記録を始めてから最多である。

中国、韓国から批判を受けると安倍首相は「どんな脅かしにも屈しない」と反論するに至り、米国でも安倍批判が噴出した。ワシントンポスト（四月二十六日電子版）は「歴史を直視していない」と安倍首相を批判する社説を掲載、米議会調査局は五月一日の報告書で首相を「強固な国粋主義者」と表現した。米国からも冷やかな目でみられるようになり、日本は孤立への道を歩み始めたといえるだろう。

## ※四・二八「主権回復の日」制定の裏側にあるもの

奇妙なのは、安倍政権が中国、韓国との関係を修復することよりも両国の国民感情を刺激し続け、対立の芽を育てることに熱心であるようにみえる点である。在日韓国人や在日朝鮮人の多い東京・新大久保の飲食店街で、毎週末繰り返される「韓国人、朝鮮人を殺せ」と叫ぶヘイトスピーチ（憎悪表現）デモに「極めて残念」と述べたものの、対応は口先だけである。

サンフランシスコ条約が発効し、日本が独立した四月二十八日を初めて「主権回復の日」

に制定し、記念式典の会場から天皇、皇后が退場する際、万歳三唱で見送った様子は「天皇陛下万歳」を叫んだ過去の戦争の記憶を呼び起こさせる役割を果たした。

近隣国との緊張を高めてナショナリズムをあおり、主権回復の日を制定した背景には「占領期に米国から押しつけられた日本国憲法を否定し、自主憲法を制定する」との強い意思を示す狙いがありそうである。

目指す自主憲法とは何か。安倍首相は四月十七日付の読売新聞で「(民主党の)細野幹事長は九六条改正論のことを『メニューがないのに、とりあえずレストランに入ってください と言っているようなものだ』と批判しますが、これもおかしい。自民党は憲法改正草案をすでに示しているんですね」と明快に答えている。自民党の改憲草案こそが、目指すべき憲法というのだ。

二〇一二年四月に発表した「日本国憲法改正草案」は、驚くべき内容である。現行憲法がそうであるように「国民の権利や自由を守るため国家や為政者を縛るための憲法」は、「国民を縛る国家や為政者のための憲法」に主客転倒している。天皇を国家元首に祭り上げ、国防軍をつくり、基本的人権を抑圧するという、国民支配のための道具と化しているのである。

上滑りしたナショナリズムに踊らされ、改憲に賛成した国民がある日、「そんなはずではなかった」と反対の意思を表明しようとすれば、自民党憲法は「公益や公の秩序」を乱すとして集会・結社・表現の自由を規制してくる。天皇や為政者のために国民は生命を含め、すべて捧げ尽くすことを求めるのが自民党憲法の特徴といえるだろう。

## 3　懇談会四類型はだましか

### ※第一次安倍内閣と同メンバーの「懇談会」による報告

国民は自民党改憲案に賛成することにより、未来永劫にわたり自らを縛り上げる。そんな選択を迫る安倍政権が、先にも紹介した第一次安倍内閣に続いて再招集したのが「安全保障の法的基盤の再構築に関する懇談会」である。すでに検討した四類型について、結論を出し、報告書をまとめている。同じメンバーで議論するのだから、結論は決まりきっている。

あらためて四類型をみてみよう。

1　共同訓練などで公海上において、我が国自衛隊の艦船が米軍の艦船と近くで行動している場合に、米軍の艦船が攻撃されても我が国自衛隊の艦船は何もできないという状況が生じてよいのか。

2　同盟国である米国が弾道ミサイルによって甚大な被害を被るようなことがあれば、我が国自身の防衛に深刻な影響を及ぼすことも間違いない。それにもかかわらず、技術的な問題は別として、仮に米国に向かうかもしれない弾道ミサイルをレーダーで捕捉した場合でも、我が国は迎撃できないという状況が生じてよいのか。

3　国際的な平和活動における武器使用の問題である。例えば、同じＰＫＯ等の活動に従事している他国の部隊又は隊員が攻撃を受けている場合に、その部隊又は隊員を救援するため、その場所まで駆け付けて、要すれば武器を使用して仲間を助けることは当然可能とされている。我が国の要員だけそれはできないという状況が生じてよいのか。

4　同じＰＫＯ等に参加している他国の活動を支援するためのいわゆる「後方支援」の問題がある。補給、輸送、医療等、それ自体は武力の行使に当たらない活動については、「武力の行使と一体化」しないという条件が課されてきた。このような「後方支援」のあり方についてもこれまでどおりでよいのか。

長ったらしいので、要約すると以下の通りである。

1　公海での米艦艇の防護（注：軍隊は「艦船」ではなく「艦艇」である）
2　米国を狙った弾道ミサイルの迎撃
3　国連平和維持活動（ＰＫＯ）などで他国部隊を守るための「駆け付け警護」
4　ＰＫＯや戦闘地域での多国部隊への輸送、補給などの後方支援

前回の結論は1、2が集団的自衛権の行使にあたり、3が海外における武力行使、4が武力行使との一体化に区分され、いずれも現行の憲法解釈では禁じられているものの、解釈変更によって容認すべきだというものだった。

安倍首相が進めようとしているのが集団的自衛権行使の容認なので、まず1、2について、検証する。

あらためて「集団的自衛権とは何か」をおさらいすると「国際法上、国家は、集団的自衛権、

すなわち、自国と密接な関係にある外国に対する武力攻撃を、自国が直接攻撃されていないにもかかわらず、実力をもって阻止する権利」（平成二四年版防衛白書）とされているが、「わが国が、国際法上、このような集団的自衛権を有していることは、主権国家である以上当然です。しかしながら、憲法九条の下において許容されている自衛権の行使は、わが国を防衛するため必要最小限度の範囲にとどまるべきものであり、他国に加えられた武力攻撃を実力をもって阻止することを内容とする集団的自衛権の行使は、これを超えるものであって、憲法上許されない」（同）。

この考え方は歴代内閣が踏襲している。

### ＊日本有事の際、自衛隊は米艦艇を防護できるか

まず「1　公海での米艦艇の防護」について。

懇談会はロシアのバルチック艦隊と大日本帝国海軍の連合艦隊が戦った、日本海海戦のような艦隊の陣形を想像しているのだろうか。

一列になって北上するバルチック艦隊の行く手をさえぎる形で連合艦隊を配列させる陣形をとったので、丁字《ていじ》戦法と呼ばれた。武器は大砲だったが、もはや大砲が海戦の主要兵

器でないことは、太平洋戦争で日米が航空母艦（空母）の開発を競った事実が示している。互いの空母が発進させた攻撃機が落とす魚雷や爆弾が、双方の艦艇を撃沈したのである。

では、現代で洋上に展開する米艦艇が航空機によって攻撃される事態を想定してみよう。米艦艇を狙うために空母を差し向け、魚雷や爆弾を搭載した航空機を発進させる事態は、もはや戦争である。戦場となった海洋で、米艦艇とともに海上自衛隊の艦艇が行動しているとすれば、それは日本有事にほかならない。

日本有事の際、自衛隊は米艦艇を防護できるのだろうか。

過去の国会答弁では「わが国を守るためにわれわれは行動する。わが国の安全のために必要な限度内において行動するわけでございますから、結果としてアメリカの船がそのために救われる、その行動によって救われるということはあり得るだろうということでございます」（一九七五年六月十八日衆院外交委員会、丸山昴防衛局長答弁）としている。

これは自衛隊が自らを守ることで結果的に米艦艇を防護できることを指し、「結果理論」と呼ばれている。より踏み込んだ国会答弁は一九八三年三月八日の衆院予算委員会で谷川和穂防衛庁長官によってなされた。

「日本が侵略された場合に、わが国防衛のために行動している米艦艇が相手国から攻撃を受けたときに、自衛隊がわが国を防衛するための共同対処行動の一環としてその攻撃を排除することは、わが国に対する武力攻撃からわが国を防衛するための必要な限度内と認められる以上、これはわが国の自衛の範囲内に入るであろう」

おずおずとではあるが、政府見解の積み重ねにより、集団的自衛権行使の道筋は開かれたといえる。ただし、「日本有事の場合」の前提がついてる。懇談会のメンバーがすでに合憲とされた活動について検討するはずがない。すると懇談会が検討対象とする「米艦艇の防護」は、「日本有事以外」で自衛隊艦艇が米艦艇を守れるか否か検討することを指している。

その場合、日本有事以外とは、「海外における武力行使」を目的として自衛隊艦艇が派遣されているか、「武力行使ではない海外活動」のために派遣されているかの、二つのケースしかない。

前段は憲法九条に違反するため、あり得ない。すると後段ということになる。

## ＊「掃海艇派遣」と「洋上補給」を検証する

武力行使を伴わない自衛隊艦艇の海外派遣は、海上保安庁の代替であるソマリア沖の海賊対処を除いて、過去二回あった。

最初は、自衛隊初の海外派遣にもなった一九九一年の掃海艇ペルシャ湾派遣である。米国の要請を受けて、海上自衛隊の掃海艇など六隻が派遣され、イラク軍がペルシャ湾に敷設した機雷を除去した。根拠法令は自衛隊法九九条（当時、現在は自衛隊法八四条の二）の「機雷等の除去」だったが、国内やその周辺での活動を前提にした自衛隊法で、はるか中東まで派遣したことに批判が集まり、翌九二年、海外派遣の恒久法である国連平和維持活動（ＰＫＯ）協力法の制定につながった。

ペルシャ湾の機雷掃海は九十九日間で終了した。その後、掃海艇の海外派遣はなく、仮にあったとしても排水量わずか五〇〇トンの小型艦艇である掃海艇の武器は二〇ミリ機関砲一門のみで、米艦艇を防護するのは不可能である。

次の派遣は、９・11米同時多発テロを受けて米国がアフガニスタン攻撃を開始したのに伴い、日本がテロ対策特別措置法を制定して海上自衛隊の補給艦をインド洋に送り込んで行った洋上補給だった。この洋上補給では、海上自衛隊の補給艦と補給を受ける米艦艇がわずか五十メートルの距離で並走した。テロ攻撃などに備えるため、洋上補給する二隻の

パキスタンの駆逐艦に洋上補給する海上自衛隊補給艦「ましゅう」（防衛省提供）

後方には海上自衛隊の護衛艦一隻が着き、周囲を警戒した。

この場面で攻撃を受けたらどうなるか。政府は「万が一、まさに洋上給油を実施中の自衛隊の艦艇と米軍艦艇とが極めて接近しているような場合には、自衛艦があくまで自己等や武器等の防護のために武器を使用することが、結果的に米軍艦艇に対する攻撃を防ぐ反射的効果を有する場合があり得ると考える」（二〇〇六年十月十六日衆院テロ・イラク特別委・久間章生防衛庁長官の答弁について、同月十八日テロ・イラク特別委理事懇提出）としている。

洋上補給中に攻撃された場合、自衛隊は集団的自衛権行使を意識するまでもなく、自らの防御のために反撃する。それが結果的に米艦艇の防護につながるとしている。いわば自己保存のための自然権的権利による反撃によって、米艦艇が防護できる、と明言しているのである。

## ❇自衛隊艦艇が米艦艇を防護する「非現実性」

掃海艇派遣、洋上補給とも集団的自衛権行使を検討する必要はないことがわかる。では海外活動以外に、海上自衛隊の艦艇と米艦艇が共同行動することはないだろうか。例えば、日米共同訓練や周辺事態が想定される。

日米共同訓練や周辺事態で活動する日米の艦艇が、日本海海戦のような密集した艦隊陣形をとることはあり得ない。なぜなら、現代戦で活用される艦艇は潜水艦への警戒から数キロもの距離をとり、点々と散らばって行動するのが常識だからである。

米海軍が主催し、二年に一度の割合で開かれる環太平洋合同演習（ＲＩＭＰＡＣ）の乗艦取材をしたことがある。米空母を中心に日米の艦艇が某国の攻撃に対し、共同して対処するシナリオで行われた訓練で、日米双方の艦艇は大きく距離をとって離れ、肉眼では海上自衛隊の護衛艦か、米海軍の駆逐艦か見分けるのは困難なほどだった。

現代戦で艦艇への攻撃に使われるのは、魚雷と対艦ミサイルの二種類。これらを発射するのは潜水艦、水上艦艇、航空機の三種類である。その中でも、艦艇がもっとも警戒するのが潜水艦だ。探知には潜水艦の発するスクリュー音や水切り音を探知するソナーが活用される。その場合、日米双方の艦艇が互いの発するスクリュー音が邪魔をして、潜水艦を探知できないようでは話にならない。だから、互いに数キロもの距離をとる。

潜水艦から発射された魚雷は、有線誘導によって正確にコントロールされ、一発で撃沈する威力がある。ひそかに狙われた艦艇自身が自らを守るのさえ難しく、ましてやはるかに離れた洋上にいる他の艦艇が防護するのは不可能といえる。

対艦ミサイルなら防護できるのか。

狙われた艦艇は、射撃管制レーダーの照射を受けるので逆探知装置によって、危険を察知できる。飛来する対艦ミサイルの距離に応じて、対空ミサイル、速射砲、速射機関砲の三段階で迎撃するが、レーダー照射を受けていないうえ、数キロも離れたところにいる別の艦艇がミサイルを迎撃することは、現在の技術では不可能に近い。

米艦艇を防護できそうなのは、日米共同訓練における洋上補給の場面だが、前述の通り、ここで攻撃されたら自衛艦は集団的自衛権行使を意識するまでもなく、自らの防御のために反撃するので結局、集団的自衛権を行使する場面はありえない。

# 4　米国を守ることの陳腐さ

## ＊そもそも技術的に不可能な「ミサイル迎撃」

次に「2　米国を狙った弾道ミサイルの迎撃」について検証する。

大前提として、米国を狙ったミサイルを、日本が迎撃する手段が存在するか否かを考えなければならない。

政府は「ミサイル防衛のシステム、あるいはまたこれの改良型を使ったとしても、米国本土へ飛来するミサイルを我が国から、あるいは我が国の周辺からそれを迎撃するというのは技術的に非常に難しい」（二〇〇六年十一月二十四日衆院安全保障委員会の久間章生防衛庁長官）と答弁している。

米国が開発したミサイル防衛システムのうち、日本は洋上のイージス護衛艦が搭載する艦対空ミサイル「ＳＭ３」で迎撃し、撃ち漏らした場合、地対空迎撃ミサイル「ＰＡＣ３」で迎撃する二段階を採用している。仮に北朝鮮や中国から発射され、米国まで届く長

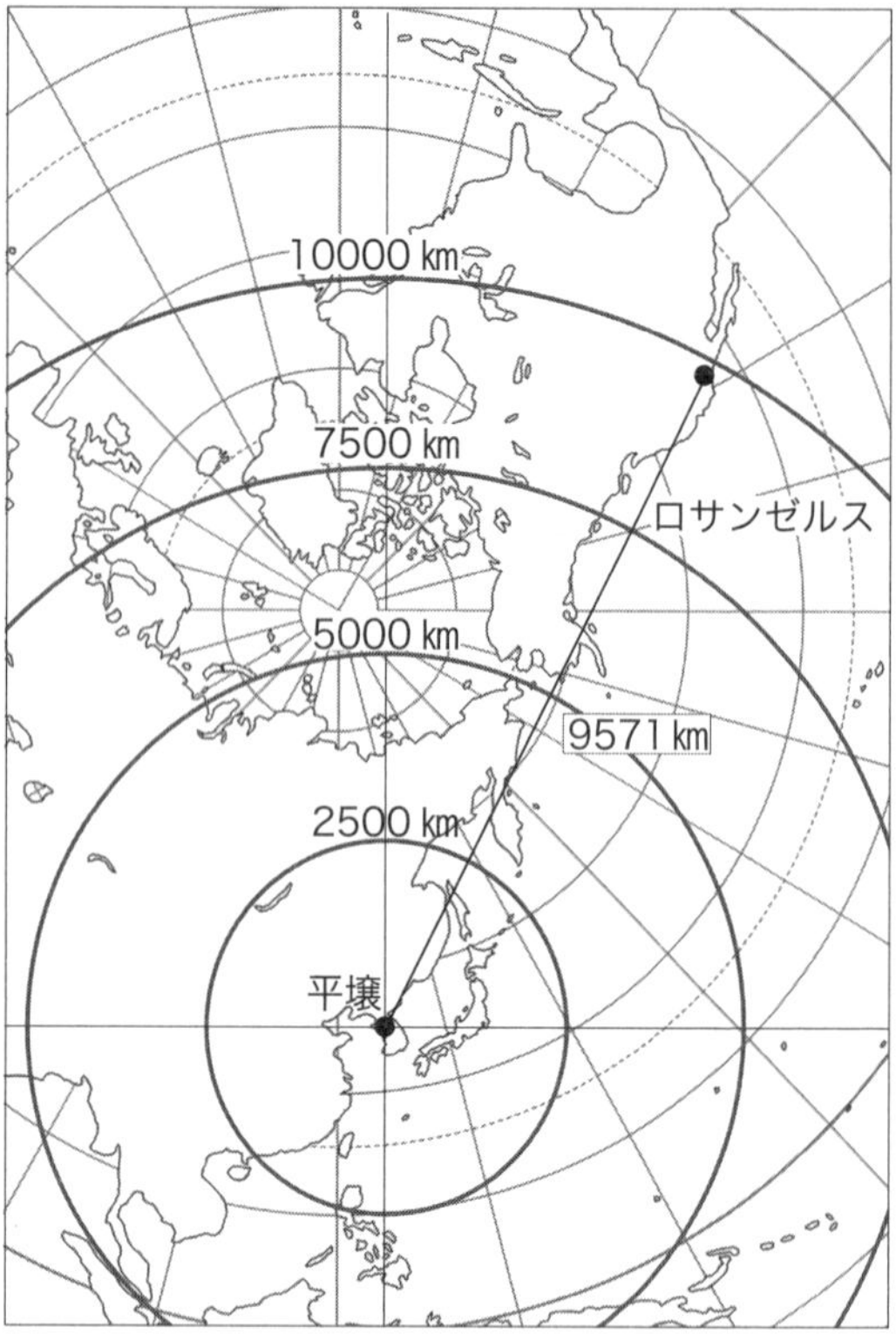

米本土を狙い北朝鮮から発射される弾道ミサイルの経路

距離弾道ミサイルは高度百キロから一千キロもの宇宙空間を飛ぶ。ところが、PAC3は射程が二十キロしかなく、かすりもしない。

久間氏が答えているのはイージス護衛艦による迎撃のことだが、現在、搭載する「SM3ブロック1」は高度、速度が劣るため、長距離弾道ミサイルを迎撃するのは技術的に不可能である。少しでも迎撃の可能性が出てくるのは、日米で共同開発中の迎撃ミサイル「SM3ブロック2A」がイージス艦に搭載可能となった後の話だが、現在は開発中で実用化のメドは付いていない。

仮に実戦配備され、海上自衛隊のイージス護衛艦に搭載されたとしよう。懇談会のメンバーなら、発射台の弾道ミサイルが米国を狙うか、日本を狙うか分かるのだろうか。

弾道ミサイルは目標によって、飛行経路が大幅に変わる。例えば北朝鮮から発射され、米本土を狙う弾道ミサイルを迎撃するには、イージス艦は北海道の西沖に配置する必要があるが、日本本土が狙われるなら、イージス艦の配置は本州西側の日本海になる。

イージス艦の配置を考えるとき、北朝鮮が米本土に弾道ミサイルを発射するような局面であれば、日本はこの戦争に巻き込まれていると考えなければならない。日米安全保障条約により、日本は二十九都道府県で米軍に基地を提供している。米国との戦争を画策する国は、米国のみを対象とするのではなく、米軍に基地を提供している日本も攻撃するのが当たり前ではないのか。米国が狙われる事態では、日本有事が同時に発生すると想定しなければならない。

迎撃ミサイルを搭載できるイージス艦は自衛隊に四隻しかないが、米軍は二十六隻保有しており、今後さらに増やす計画を持っている。海上自衛隊は虎の子のイージス艦を米本土防衛に使い、日本防衛をお留守にするのだろうか。それでは本末転倒である。奇襲攻撃のように突然、弾道ミサイルが米国へ向けて発射される場面でも、日本のイージス艦保有数が劣ることにより、米国を狙った弾道ミサイルを迎撃する事態は、「日本政府が日本防衛をしない」と決断した後に限定される。

## ✻日本はすでに十分すぎるほど「米国に貢献」している

日米関係からみて、「1　公海での米艦艇の防護」「2　米国を狙った弾道ミサイルの迎撃」がおかしいのは、日本が米国を守ることが必定であるかのような前提にたっている点である。米国が他国との間で締結している安全保障の条約は相互防衛、すなわち米国と締結国の双方が集団的自衛権を行使するのが当たり前になっている。

しかし、日本は違う。憲法九条の規定から集団的自衛権の行使が禁止されている。このため、日米安全保障条約は、五条「共同防衛」で米国による日本防衛をさだめる一方で、六条「基地の供与」で日本が米軍に基地を提供することで双務性を確保する仕組みになっている。

日本が米国を守れないことをとらえ、日米安保条約を片務的と批判する向きがあるが、間違いだ。米軍は日本の基地に駐留して海外への出撃拠点として活用し、年間約二千億円の「思いやり予算」で高熱水料、基地従業員の給料、施設整備費を日本政府に負担させている。十分過ぎるほど、日本は米国に貢献している。

懇談会はこうした事実を無視して「米国が攻撃された場合、日本が守るべきだ」と主張する。日本国憲法を無視して「集団的自衛権行使は必要だから必要なのだ」との目茶苦茶な論理で押し通そうとしており、暴論以外の何ものでもない。

なによりおかしいのは、世界中の軍隊が束になってもかなわない米軍に、いったいどの国が正規戦を挑むのかという点にある。例えば、米海軍が保有する原子力空母は、一隻あたり、戦闘攻撃機、早期警戒機、電子戦機など約八十機を搭載する。その打撃力は、一カ国の空軍力をしのぐほどである。そんな空母が米海軍には十隻もあるのだ。

## ❇自民党のデマゴーグに乗せられる「野党・民主党」

攻撃的な兵器としてはほかに核兵器を仕込んだ弾道ミサイル搭載原子力潜水艦（原潜）十四隻を含め、七十隻もの原潜を保有する。レーダーに映りにくいB２ステルス爆撃機も脅威だ。

米国に戦争を挑めば、湾岸戦争やイラク戦争の緒戦でみられた通り、海や空からのミサイルと精密誘導爆弾による攻撃を受けるところから始まる。次に世界最強の陸軍と海兵隊が領土を占領し、交戦国の主権を停止することになる。米国に正規戦を挑むなど正気の沙汰ではない。起こり得ない類型を前提に国民の不安をあおる行為は、「天が落ちてくる」

といって杞憂を広めるデマゴーグに等しい。

　また情けないのは、最大野党として自民党の誤りをただす役割の民主党が、「米艦防護」「ミサイル迎撃」について理解を示していることである。細野豪志幹事長は五月十二日、広島市内で記者団にこう述べている。

　「一緒に行動している米軍が攻撃を受けた場合、日本として当然やるべきことはやる。米国にミサイル攻撃がなされた場合に日本のミサイル防衛システムで撃ち落とすことも理屈として必要だ」「党憲法調査会の中で、これから詰めた作業になる。（容認する類型）一つ一つ方向性を出していくのがあるべき姿だ」

　細野氏は四類型を軍事技術や安全保障の面から一度でも考えたことがあるのだろうか。まんまと安倍首相の策に乗せられているではないか。民主党の劣化にはあきれるしかない。

### ＊自らが立脚する「戦後体制」自体を否定するのか

　憲法と自衛隊の運用をめぐる議論について、阪田雅裕元内閣法制局長官は米国を狙ったミサイル迎撃について問われ、「技術的可能性がないと聞いている。そういう議論は政府――関係するところでは防衛省、外務省、内閣官房、法制局ぐらいだが、そこで議論することはあまりない。みんな現実を踏まえて行政を遂行している。そういう観念的、抽象的な議論はやらない」（『世界』二〇〇七年九月号）と述べ、こう締めくくる。

「有識者懇談会で議論するいくつかのことは、やる必要があれば一生懸命議論する場は出てくるが、パーツだけ取り出して観念的な議論をすることは政府としてやってこなかった。いいとか悪いではなく、そういうものだ」

これが憲法のご意見番であり、歴代内閣の憲法・法律解釈を担った内閣法制局長官の考え方である。

安倍首相は自民党政権が踏襲してきた憲法解釈を覆し、あり得ない類型をとりだして集団的自衛権行使を容認すべきだと主張するのだろうか。そして目指すのは改憲となるが、安倍首相は目指す国家像については語らない。

だが、よく考えなければならないのは、安倍首相が立脚するのは日本国憲法を背骨とし、経済発展を遂げてきた戦後体制そのものという点である。戦後体制を支えた歴代首相のうち、吉田茂、池田勇人、佐藤栄作らは憲法を守りこそすれ、変えようとは明言しなかった。安倍氏が国会議員になった当時の自民党には後藤田正晴、宮沢喜一、野中広務、加藤紘一ら護憲の人々がいて、党内のご意見番としてにらみを効かせていた。

改憲で突出しているのは岸信介とその孫の安倍首相の二人である。ご意見番が消え、世論調査で七割の支持率を誇る安倍内閣にはだれも逆らえないのだろう。

戦後体制から生み落とされた安倍首相が戦後体制を否定する大いなる矛盾。これはやはり首相によるクーデターといわざるを得ない。


二〇一三年七月の参議院選挙で自民党は大勝、安倍政権は三年間、国政選挙のない安定期を迎えた。投開票翌日の記者会見で、安倍首相は「集団的自衛権の行使容認の議論を進める」とし、懇談会の議論を早急に再開させることを表明した。

次に間髪を入れず、「憲法解釈の番人」と呼ばれる内閣法制局長官に集団的自衛権行使の容認派、小松一郎駐仏大使を就任させた。長官は法案局内部から昇格するのが通例で、法制局経験のない小松氏の長官就任は極めて異例。憲法論議より先に、いきなり人事から着手する手法は、有利なルールに変更して試合に望むのに等しい。改憲規定の憲法九六条を緩和するところから憲法論議に入ろうとしたのと同じ思考回路であり、手段を選ばない強権ぶりを示した。クーデターのその日は近づきつつある。

# Ⅱ章　海外の武力行使求める報告書

南スーダンＰＫＯに派遣された陸上自衛隊（半田撮影）

## 1　どうしてもやりたい「駆け付け警護」

### ＊「ヒゲの隊長」の超法規的「駆け付け警護」論

安倍氏が再招集した懇談会が検討する四類型の残り、二類型もいずれ国会で論議されるだろう。あらためて検証してみたい。

まず「3　国連平和維持活動（ＰＫＯ）などで他国部隊を守るための『駆け付け警護』」について。懇談会が「駆け付け警護」を認めるべきだと結論づけた理由は以下の通り。

「ＰＫＯなどで共同任務を行う他国の部隊や要員が危険にさらされ、自衛隊に救援を求めているにもかかわらず我が国独自の基準により武器使用が認められていないために他国の部隊や要員を救援しないことは常識に反しており、国際社会の非難の対象になり得る」

この主張は、二〇〇七年の参議院選挙で当選した「ヒゲの隊長」こと、第一次イラク業務支援隊長で元自衛官の佐藤正久参院議員による「駆け付け警護」容認発言とほぼ同一の内容となっている。

イラク人に囲まれる陸上自衛隊の佐藤正久業務支援隊長（現防衛政務官）〈半田撮影〉

佐藤氏は〇七年八月十日のテレビ番組で、イラクで活動していたときの様子を例に「オランダ軍が攻撃された場合、何らかの対応をやらなかったら、自衛隊への批判はものすごいと思う」と述べた。その場合の対応策について問われ、「情報収集の名目で現場に駆け付け、あえて巻き込まれる。巻き込まれない限りは正当防衛・緊急避難の状況は作れませんから。……日本の法律で裁かれるのであれば喜んで裁かれる」と踏み込んだ。

佐藤氏は〇七年の参議院選挙の街頭演説でも、「集団的自衛権の解釈で（オランダ軍など）友軍が倒れても助けることはできない。法的に問題があるが、仲間はどんなことがあっても助ける」と発言している。

### ＊サマワの実態は「非戦闘地域」だった

私は二〇〇四年二月、陸上自衛隊が駐留したイラク南部の町、サマワで取材した。佐藤氏は派遣部隊の最上位である一等陸佐の一人として毎日、宿営地前で行われた定例会見で丁寧に活動状況を説明してくれた。

一カ月もいたので実感できたが、現地の治安状況は、安全とは言い切れないまでも、米軍が武装勢力と戦っていた首都バグダッドやファルージャとは比べ物にならないほど安定していた。

その意味では、非戦闘地域の定義を聞かれ、「法律上は、自衛隊の活動している所は非戦闘地域」（二〇〇四年十一月、国会の党首討論）と答えた小泉純一郎首相の指摘は結果的にあたっている。小泉氏は「イラク特措法の趣旨である」とも説明した。確かにイラク特措法は「現に戦闘行為が行われておらず、かつ、そこで実施される活動の期間を通じて戦闘行為が行われることがないと認められる地域」への派遣を要件にしている。

陸上自衛隊がイラク派遣されていた二年半の間、十三回で二十二発のロケット弾が宿営地を目標に発射され、うち三発が命中したが、この三発を含め一発も爆発しなかった。現地では毎日三千人のイラク人を雇用して道路や施設の復旧に従事させており、防衛省は「ロケット弾発射は雇用から漏れた部族による不満の表明ではないか」とみていた。

本格的な攻撃を受ければ、自衛隊は撤収するだけである。そうなれば自衛隊から雇用されている部族が黙っていないはず、と分析していた。陸上自衛隊が駐留していた二年半の間にオランダ軍はオーストラリア軍に交代したが、いずれの軍隊が攻撃されることもなかった。

軍隊とは最悪の事態を想定し、これに備える組織であることを考えれば、佐藤氏の想定した「攻撃」の可能性はゼロではなかったかも知れない。しかし、そのときに自衛隊が「駆け付け警護」をしなければならないのか否かは別の話である。

## ＊そもそも任務の範囲が違うオランダ軍と自衛隊

当時のイラクは米英軍の攻撃によってフセイン政権が崩壊し、国連決議により、連合暫定施政当局（ＣＰＡ）が新政権が誕生するまで国政を担った。軍事は「イラク多国籍軍司令部」（ＭＮＦ－Ｉ）及びその下部組織「イラク多国籍軍部隊司令部」（ＭＮＣ－Ｉ）が担当した。

イラクへ派遣された陸上自衛隊の部隊の位置づけについて、政府は以下のような見解を示している。

「当該部隊は、イラク多国籍軍の統合された司令部との間で連絡・調整を行うものの、その指揮下に入るわけではなく、わが国の主体的な判断の下に、わが国の指揮に従い、イラク特措法および基本計画に基づき活動を実施する」（二〇〇四年八月十日、仙石由人衆院議員への答弁書）

自衛隊が海外派遣される場合、国連平和維持活動（ＰＫＯ）であれ、多国籍軍が占領するイラクへの派遣であれ、自衛隊は派遣先の司令部から「指揮・命令」を受けるのではなく、「連絡・調整」をするにとどまる。武力行使も認める国連憲章７章型のＰＫＯや多国籍軍の指揮下に入ると憲法違反のおそれが出てくるからである。

政府答弁書にいうイラク特措法および基本計画に基づく活動とは、イラク特措法で規定した人道復興支援活動であり、基本計画で具体的にさだめた施設復旧、給水、医療指導の三項目を指している。当然ながら、治安の維持や他国部隊の救援は含まれていない。

一方、サマワ駐留のオランダ軍は自衛隊以外のすべての軍隊がそうであったように、地域の治安維持を任務としていた。万一、陸上自衛隊の部隊が襲撃された場合、オランダ軍は治安維持の必要性から「駆け付け警護」することもあり得たといえる。

では、自衛隊はどうか。

治安維持の任務がない以上、「駆け付け警護」を求められることはない。それでも多国籍軍司令部から協力を求められた場合、まずバグダッド駐在の連絡調整担当の自衛隊幹部が窓口になることになる。

そこで自衛隊幹部は日本の立場を説明し、断るという手順になるはずである。それでも「駆け付け警護」を求められた場合、連絡調整幹部は日本に伝え、日本政府として判断することになっただろう。そこで断ったとしても批判されるのは日本政府であり、自衛隊ではない。佐藤氏の「自衛隊への批判はものすごいと思う」との懸念はあたらない。

こうした手続きを無視して現場指揮官の判断で「駆け付け警護」に踏み切る行為は、任務や命令に忠実であることを求められる軍事組織にあるまじき振る舞いというほかない。陸上自衛隊の佐官は「一般論」として、「どの国の軍隊も与えられた任務以外の行動はとらない。逸脱して任務遂行に支障がでれば、元も子もないからだ」という。

任務を逸脱し、さらに憲法や法律に違反すれば、佐藤氏のいう通り、「日本の法律で裁かれる」ことになるだろう。蛮勇を支持する国民がいたとしても、長い目でみれば、自衛隊は「政治の決定を無視する武装集団」のレッテルを張られ、海外活動への道を狭めることになりかねない。

現地で指揮官を務めた佐藤氏がこうした問題を知らないはずがない。しかし、あえて問題提起したのは、政治が自衛隊を統制するシビリアンコントロールの実態が、なんとも心もとなく、政治への信頼がおけないからではないだろうか。

## 2　任務逸脱の原点はカンボジア派遣

### ❇カンボジアPKOにおける「無茶な命令」

実は「駆け付け警護」の問題は、陸上自衛隊最初の海外派遣となった一九九二年のカンボジア国連平和維持活動（ＰＫＯ）参加の当時からくすぶっている。カンボジアへは橋や道路の補修のため施設大隊六百人が派遣された。憲法制定議会選挙前の一九九三年五月、旧政府軍による邦人警察官殺害事件が発生、日本の国会では選挙監視員となった日本人ボランティア四十一人の安全確保が議論になった。

政治の要請に応えようと陸上幕僚監部は、選挙監視員が襲撃された場合、駆け付けた隊員が撃ち合いの場に飛び込み、襲撃された当事者となることで正当防衛を理由に武器使用する手法を考案し、実施を口頭で命じたのである（一九九五年十一月二十日東京新聞・中日新聞朝刊）。

当時現地にいた陸上自衛隊幹部は「任務にない無茶な命令だから、あとあと問題になったときに備え、『命令を文書にしてほしい』と求めた。しかし、陸上幕僚監部が文書にすることはなかった。東京から口頭で命令を伝えに来た陸幕の陸将補を人質にして、選挙が終わるまで帰国させないようにしようと主張する幹部もいたほど理不尽な要求だった」と振り返る。

結局、隊長の判断で陸将補を帰国させ、修復した道路や橋を見回るという名目で選挙監視員の身を守った。現地で何事も起きなかったため、私が取材して記事にするまで一連の事実は明らかにならなかった。

イラク復興業務支援隊長だった佐藤氏の発言は、「（陸上自衛隊部隊と同じサマワ駐留のオランダ軍が攻撃された場合）情報収集の名目で現場に駆け付け、あえて巻き込まれる」意思があったとしており、カンボジアの事例と酷似している。

だが、政治の決定がいい加減であることを理由にして、現場判断を優先させてよいということにはならない。まして海外における武力行使を想定して始まる自衛隊海外派遣などあり得ない。

イラクのサマワは十分な注意を払って活動する地域であったことは間違いないが、活動期間を通じて非戦闘地域であり続けた。危険な状況となり、戦闘地域に変化したならば、イラク特措法の規定により、政府は陸上自衛隊の部隊を撤収させたはずである。だが、安定した状況に変化はなく、自衛隊もオランダ軍も襲撃されなかった。「駆け付け警護」が必要になる場面などなかった。

政治に求められるのは、自衛隊の活動が憲法の規定から逸脱しないよう見極めて派遣の是非を決め、送り出したなら注意深く活動をみつめ続けることではないだろうか。これまでのように派遣を決めたら後は何とかなるといった、無責任なシビリアンコントロールでいいはずがない。理由にならない理由を持ち出し、憲法の規定を無視する懇談会報告に従っていたら、法治国家ではなくなってしまう。

ところで、シビリアンコントロールとは、政治による軍事の統制を意味するが、平和ボケから軍事オンチばかりの政治家が自衛隊を統制するのは不可能に近い。例えば、米国による二〇〇一年のアフガニスタン攻撃の際、自民党は当時の山崎拓幹事長を中心に、「陸上自衛隊をアフガニスタンの地雷除去に派遣すべきだ」との声を上げた。これに対し、陸上幕僚監部は「自衛隊に地雷除去の専門技術はない。そもそも地雷除去は地元の戦後復興の一つで専門のNGO（非政府組織）や地元民に任せるのが世界の常識」と主張し、派遣は見合わされた。

「先生方にご理解いただいた」と陸幕幹部は振り返るが、「ご理解」をいただくため、制服を背広に着替え、有力政治家の自宅を回って説得工作を続けた末の派遣撤回である。陸海空自衛隊の中枢であり、エリート組織でもある各幕僚監部のうち、研ぎ澄まされた頭脳集団の「防衛部－防衛課－防衛班」に所属する幹部の主な仕事は、政治家を制服組の考え通りに誘導する「逆シビリアンコントロール」を行うことにある。政治家は制服組の意向を理解し、最終的に政治判断したようにみせかける。日本は「疑似シビリアンコントロール」でしかない。

## ＊アフガン戦争にかこつけた「武器使用基準緩和」

懇談会は「駆け付け警護」と同時にＰＫＯにおける「武器使用基準の緩和」も打ち出している。国連は要員を防護するための武器使用（Ａタイプ）と、国連ＰＫＯの任務遂行に対する妨害を排除するための武器使用（Ｂタイプ）を認めている。日本はＡタイプだが、これをＢタイプにしろ、というのだ。

懇談会はその理由を「ＰＫＦ（国連平和維持軍）本体業務への参加等においては必要不可欠である」としている。ＰＫＯは本体業務と後方支援業務に分けられる。そのうちの本体業務がＰＫＦで、武装解除の監視、緩衝地帯などにおける駐留・巡回、検問、放棄された武器の処分などを指し、ＰＫＯ協力法が国会で制定された一九九二年以降、ＰＫＦは慎重論が多く、凍結された。

しかし、二〇〇一年米国で同時多発テロが起こり、米国がアフガニスタン攻撃を始めるのに合わせて日本は同年十一月、テロ対策特別措置法を制定し、インド洋における米艦艇への洋上補給を可能にした。テロ特措法が武器使用基準を「自己の管理下に入った者」と、自衛隊法でさだめた「武器を守るための武器使用」としたのを受けて、翌十二月、ＰＫＯ

協力法も武器使用基準を緩和して、テロ特措法と横並びにした。

その際、ＰＫＦの凍結も解除された。米国が始めたアフガン戦争を支援するのに合わせ、無関係のＰＫＯ協力法まで変えた。政府得意の「焼け太り作戦」である。

ＰＫＦの凍結解除後にあった自衛隊のＰＫＯ参加は、東ティモール、ハイチ、南スーダンがあるが、いずれも後方支援分野だった。後方支援業務とは、本体業務を支援する医療、輸送、通信、建設などの業務を指し、自衛隊が参加してきたのは後方支援業務のうち、輸送、建設の二項目である。

## 3　陸上での邦人救出はあり得ない

### ＊「任務遂行のため」武器使用を認めるべきか

自衛隊が後方支援活動に限定してきたのは「海外における武力行使」を避ける狙いだけではない。その理由は国連のＰＫＯ参加国の一覧をみればわかる。要員を数多く派遣しているる国は順に、パキスタン、バングラデシュ、インド、エチオピア、ナイジェリア、ルワンダ、ネパールとある。国連から兵士一人当たりに支払われる日当を外貨獲得の手段にしている国々ばかりである。その列に割り込むのは国際常識に外れる。

日本は先進国らしく技術力を生かしてブルドーザーやショベルローダーなどの重機を持ち込み、道路や橋の補修、建物の建設に特化しているのである。

懇談会はこうした事実を無視して、「PKF本体業務への参加に必要」との理由で武器使用基準の緩和を主張する。異常というほかない。

国会でも「任務遂行のための武器使用」を解禁すべきだとの議論は、PKF参加とは無関係に繰り返されてきた。一般的な海外活動について佐藤氏は国会で問題提起している。

「例えば、宿営地警備をやっているとき、三十人ぐらいが武器を持たずに押しかけてきた、そういうときに武器を使って威嚇射撃できない。羽交い締めするしかない。任務遂行の武器使用が認められていないからできない」（二〇一一年十月二十七日参院外交防衛委員会）

自衛隊の仕事をやりやすくするために必要だとの理屈である。PKOの後方支援活動中であっても「任務遂行のための武器使用」を認めるべきだと主張する議員もいる。だが、本当に必要だろうか。

自衛隊が行うのは道路や橋の補修、建物の建設である。こうした作業がやりにくいからといって人々を武器で脅す行為は、平和構築を目指すＰＫＯの趣旨に反する。実際に威嚇射撃しなければならないほど危険が差し迫った状況下で、のんびり道路の補修などできるはずがない。少し考えれば分かる。

治安が悪化するならば撤収すればよいだけである。

自民党きっての理論派である石破茂幹事長は、防衛庁長官当時の国会答弁でこう述べている。

「ＰＫＯで任務遂行を実力で妨害する企てに対する武器使用はどのような状況かと考えたとき、非常に想定しにくい。仮にそういうことがあったとしても、武器を使用して排除しなければ実際に行動が制約されるという議論は、私は必ずしも正しくないのではないかと思う」（二〇〇四年三月三日衆院イラク特別委員会）

## ✻邦人救出を名目にして「自衛隊の権限を拡大」の狙い

最近では二〇一三年一月に起きたアルジェリア人質殺害事件に関連して、邦人輸送の手段を拡大すべきだとの国会での議論で「任務遂行のための武器使用」が浮上した。自衛隊法は、緊急時に船舶や航空機を使って邦人を輸送することができる。これを車両による陸上輸送にまで拡大しようというのだ。

その際、「任務遂行のための武器使用」を認めるべきだとの主張が自民党などから出されたが、公明党の反対で武器使用基準の緩和は見送られた。

邦人輸送の手段を拡大することが悪いとはいわない。しかし、常に武器使用基準の緩和につなげようとするから憲法解釈の拡大や改憲を狙う政治家の本音がみえてしまう。邦人輸送の検討も基準緩和ありきだった。

議論のたたき台となったのは、自民党が野党だった二〇一〇年、現防衛相の小野寺五典氏らが国会提出した同法改正案だ。この案では陸上輸送を加え、現行法では正当防衛・緊急避難に限定される武器使用基準を「合理的に必要とされる限度」に緩めて「救出」の色彩を強め、さらに「任務遂行のための武器使用」を認めている。輸送途中で妨害を受けた場合、相手が丸腰でも発砲できるのである。

しかし、まずは陸上輸送そのものについて考える必要がある。自衛隊を受け入れることになる相手国にとって、国の玄関である空港や港へ受け入れるのと、内側の領土で自衛隊が活動するのとでは重みがまるで違う。武装した自衛隊が動き回る事態を軍や警察を持つ主権国家が歓迎するはずがない。現にアルジェリア政府は米英の軍事支援の申し出を拒否した。

過去の邦人輸送の例をみてみよう。二〇〇四年四月、イラク南部のサマワで陸上自衛隊の取材にあたっていた日本人記者団を、航空自衛隊のC１３０輸送機で国外へ輸送したのが初めてだった。実はサマワからイラク南部のタリル飛行場までは、陸上自衛隊の車両による陸上輸送が報道機関への輸送支援名目で行われた。

陸上輸送の例は、まだある。一九九四年のルワンダ難民救援で陸上自衛隊が派遣された際、現地で日本人の医療ＮＧＯ（非政府組織）が武装集団の襲撃に遭い、車両による邦人輸送が実施された。このときも名目は輸送支援だった。

イラク、ルワンダの例をみると、いずれも陸上輸送できる陸上自衛隊の部隊が近くにいて、車両を日本から持ち込んでいたから可能になった。

仮にアルジェリアで陸上輸送するとしよう。輸送する隊員は民間航空機で輸送することができる。派遣される自衛官は一人一丁の小銃もしくは拳銃を携行するが、日本の航空会社は定期便、チャーター便とも武器・弾薬の空輸は拒否している。外国の航空会社を探すとなれば、それだけでも貴重な時間が失われてしまう。

航空自衛隊のＣ１３０輸送機で空輸する場合、愛知県小牧基地から離陸して、沖縄の那覇市、タイのウタパオ基地、モルジブのマレ空港で給油する必要があり、アルジェリアに着くまで最低でも三泊四日かかる。車両を空輸するのにかかる日数も同じである。

今回の人質事件では、現地の日本大使館が現地で車両をチャーターして輸送した。自衛隊の到着を待つより、現地で対応した方が早いのは間違いないだろう。

国内外で問題が発生するたびに、国内では法改正や組織改編の必要性が叫ばれる。しかし、法律や制度といった枠組みさえあれば、なんとかなるものではない。むしろ自衛隊にあらたな役割を与え、その権限を拡大させようという狙いばかり際立つことになる。

実現可能性のない邦人救出を議論する余裕があるなら、山積している別の問題の議論に貴重な時間をあてるべきだろう。

## 4　「武力行使と一体化」求める懇談会

## ＊そもそも自衛隊ＰＫＯ参加は「五原則」に基づく

最後の「４　戦闘地域での多国部隊への輸送、補給などの後方支援」をみてみよう。

懇談会報告書は――

①ＰＫＯなどに参加した自衛隊が後方支援活動に限定しても支援を受けた他国の軍隊が武力行使すれば「武力行使の一体化」になり、憲法違反となる。日本が得意とする後方支援活動を不当に制限している。

②極東有事で米軍が日本の基地を戦闘作戦行動に使えば、日本による基地の提供とその使用許可は、米軍の「武力行使と一体化」し、安保条約そのものが違憲という不合理な結果になりかねない。

③周辺事態で日本が米軍を後方支援することは抑止力を高めるが、日本の安全保障上、好ましいが、「一体化」論は制約を課すこととなる。

としている。

①のＰＫＯで派遣された自衛隊の後方支援に支障が出るから、「武力行使の一体化」容認が必要との主張は、懇談会のレベルを疑わせる。

そもそも自衛隊のＰＫＯ参加は五原則「１　停戦合意が成立、２　紛争当事国によるＰＫＯ実施と日本の参加への合意、３　中立的立場の厳守、４　基本方針が満たされない場合は撤収、５　武器の使用は必要最小限に限る」のもとで行われる。

派遣期間中に他国部隊が武力行使に踏み切るような場面があれば、停戦合意の破綻が疑われ、撤収の要件となる。撤収するのだから「武力行使との一体化」を心配する必要はない。あらかじめ他国の軍隊が武力行使する予定のＰＫＯなど存在するはずがなく、存在しないＰＫＯに参加できないことをもって、参加を「不当に制限している」ことにはならない。

ただ、最近のＰＫＯは軍事的措置を認めた国連憲章７章にもとづき、武力行使が容認された活動が増えている。この場合、任務遂行のため、また文民保護のための武力行使が想定されている。だが、具体的にどのように武力行使するのか手段への言及はなく、規定は「必要なあらゆる措置をとる」とあるだけで極めてあいまいだ。

実際のところ、自衛隊が参加したハイチＰＫＯ（終了）、現在も続く南スーダンＰＫＯとも「７章型のＰＫＯ」である。しかし、他の７章型ＰＫＯを見ても、ＰＫＯ部隊が紛争当事者となり、敵対行動に直接参加した事態、すなわちＰＫＯの原則から外れる事態は起きていない。

「武力行使との一体化」を想定する必要はない、というのが結論になる。

## ＊在日米軍基地を作戦行動に使うための「密約」

では、②の場合はどうか。

極東有事の際、米軍が日本の基地を戦闘作戦行動に使用するか否かは、一九六〇年一月十九日、安倍首相の祖父、岸信介首相とハーター米国務長官が交わした「岸・ハーター交換公文」によって日米間の事前協議が必要となっている。事前協議における日本政府の対応は「イエスと言う場合もノーと言う場合もございます」（一九六〇年四月二十七日衆院日米安保条約特別委員会の藤山愛一郎外務相答弁）とされる。

在日米軍基地が使われた例としては、ベトナム戦争当時、横田基地を輸送機の中継基地として使用した例、湾岸戦争やイラク戦争で横須賀基地を事実上の母港とする第七艦隊が出撃した例、同じく湾岸、イラク戦争へ沖縄の海兵隊が出撃した例、湾岸戦争後のイラク軍の飛行禁止を監視するため三沢基地、嘉手納基地の戦闘機部隊が中東の「サザン・ウォッチ作戦」に参加した例などが疑われる。

しかし、日米間で事前協議が行われたことは一度もない。

その理由は一九五九年六月、藤山愛一郎外相とマッカーサー駐日大使が交わした「討論記録」により明らかになった。「部隊の移動」の名目があれば、日本の同意なしに作戦行動ができる「抜け道」がつくられたためである。裏の取り決め、いわゆる「密約」が表の取り決めをなし崩しにしている。

懇談会は「日本による基地の提供とその使用許可は、米軍の『武力行使と一体化』し、安保条約そのものが違憲という不合理な結果になりかねない」と独自に判断しているが、事前協議が行われた例がないため、日本政府がイエスか、ノーか示したことがないのに、なぜ日本政府がイエスというとの前提にたっているのだろうか。

安倍首相の諮問機関とはいえ、憲法解釈を大胆に変更しようと試みる懇談会に、政府や内閣法制局の本音が明かされているとはどうしても考えられないのである。

**＊官民の米軍支援を可能にした「周辺事態法」**

③の周辺事態における日本の米軍支援は、一九九九年に周辺事態法が制定され、憲法違反にならない範囲で自衛隊ばかりでなく、官民挙げて米軍を支援できる規定がすでに存在している。

周辺事態とは一九九七年九月二十三日に日米で新たに合意した「日米防衛協力に関する指針」（新ガイドライン）で、「地理的な概念ではなく、事態の性質に着目したものである」とされているが、新ガイドラインが米国による北朝鮮攻撃をきっかけに日米で議論を開始したことから、朝鮮半島有事を想定しているのは明らかだ。

九三年北朝鮮は核開発を目指し、核拡散防止条約（ＮＰＴ）脱退を表明した。これに対し、米国が寧辺の核開発施設の空爆を検討した際、日本が「集団的自衛権の行使は禁止されている」として米側から求められた一千五十九項目の対米支援を断った。これにより日米関係は悪化、双方の官僚らが主導して日米安保共同宣言をまとめ、翌年の新ガイドライン合意にこぎつけた。

その総仕上げが一九九九年の周辺事態法の制定である。米軍を支援できるのは「日本の領域と公海」とされ、自衛隊は非戦闘地域で米軍への補給、輸送、修理および整備、医療などが実施できるようになった。地方自治体や民間も「港湾・空港の使用」「公立・民間病院への患者の受け入れ」などで協力する。

周辺事態法の規定をみると、米軍が戦争する相手国の領域で自衛隊は米軍を支援できないものの、米軍の戦争遂行に必要な支援項目が並んでいる。禁止されている支援活動として、武器・弾薬の提供、戦闘作戦行動のために発進準備中の航空機に対する給油及び整備を明記しているのは、「武力行使との一体化」を慎重に避けたからである。

懇談会はこれでは活動に制約があるとするものの、国際常識に照らせば、戦争中の補給、輸送は一体化そのものであり、米国と戦争する相手国が日本を攻撃する必要十分な理由といえる。

懇談会は、さらなる対米支援を求めており、改憲を抜きにしては実現しようがない。非現実的な、ないものねだりと断じざるを得ない。

# Ⅲ章　「国家安全保障基本法」の罠

仙台地域に入門する自衛隊による国民監視差止訴訟を起こした原告団と弁護団(2012年3月26日)
(自衛隊の国民監視差止訴訟を支援するみやぎの会・中嶋康氏撮影)

## 1　法律が変える憲法解釈

### ＊「国家安全保障基本法」は実質改憲への近道

自民党は七月の参議院選挙の公約で、憲法改正のほか、「国家安全保障基本法」の制定など複数の安全保障上のテーマを掲げた。二〇一二年十二月の衆議院選挙でも「憲法改正して『国防軍』を創設する」と公約する一方で、「集団的自衛権の行使を可能とし、『国家安全保障基本法』を制定する」とも公約した。

改憲できれば「普通の国」の軍隊と同じ「国防軍」が誕生し、集団的自衛権行使も可能になる。後の公約は必要ないようにみえる。

だが、実現のために必要な時間を考えると、改憲には衆参両院の総議員の三分の二以上で発議し、国民投票にかけるという段取りとなり、大変な手間と時間がかかる。一方、集団的自衛権行使は憲法解釈を変更すればよいとの見方もあり、国防軍の創設より先に自衛隊のまま行使容認に踏み切る方が自民党にとって近道なのだろう。

ただ、公約の文章は正確とはいえない。『「国家安全保障基本法」を制定して、集団的自衛権行使を可能とする」が正しい論理展開である。過去積み重ねてきた憲法解釈を変えるのは不可能なようにみえる。だが、国家安全保障基本法の制定という立法措置により、解釈改憲が可能というのが自民党の立場である。

自民党は二〇一二年七月四日の総務会で満場一致で国家安全保障基本法の制定を決めた。現在はまだ法案の概要（125ページ資料参照）しかつくられていないが、法律の性質と方向性は明快に示されている。

第十条「国連憲章に定められた自衛権の行使」は、国連憲章五十一条の規定を根拠に集団的自衛権の行使を容認している。

第十一条「国連憲章上の安全保障措置への参加」は、国連安保理決議があれば、海外における武力行使を認める内容となっている。

## ＊自衛隊が「国民を監視」する

これ以外にも、第三条「国及び地方公共団体の責務」は、秘密保護のための立法措置をさだめており、秘密保全法の制定につながる。秘密保全法は、安全保障、外交、公共の安全と秩序に関する事柄を「特別秘密」に指定し、これを報道しようとしたマスコミや一般人を処罰する法律である。憲法で保障された知る権利や基本的人権が侵害され、民主主義を揺るがすことになりかねない。

第八条（自衛隊）は「陸上・海上・航空自衛隊を保有する」とあり、憲法九条二項の「陸海空軍その他の戦力は、これを保持しない」と矛盾する内容となっている。注目すべきは、あえて「公共の秩序の維持にあたる」と書いてある点だ。

自衛隊イラク派遣に際し、陸上自衛隊東北方面隊の情報保全隊が国民を監視していた事実が明らかになり、仙台地裁は政府に監視されていた原告五人に対し、慰謝料の支払いを命じた。その後も自衛隊による国民監視は続いていることを示す証拠が、二審の仙台高裁に提出されている。

国家安全保障基本法によって、自衛隊に「公共の秩序の維持にあたる」役割を与えることになれば、国民監視は合法化される。例えば、原発反対を訴える国会前の金曜日のデモやその他の市民集会も、公共の秩序を理由に自衛隊が取り締まることが可能になる。治安維持の役割を持つ警察を飛び越えて、自衛隊が国民を取り締まるのだ。自民党は強力な軍国主義国家を目指しているのだろうか。

第十二条「武器の輸出入等」は、武器の輸出を禁じた「武器輸出三原則」を放棄する規定で、日本経団連や防衛産業からの見直し要求を丸飲みした。「一発の銃弾、一丁の銃も輸出しない」という平和国家の国是を、一部企業のカネもうけのためになし崩しにしようというのである。

自民党は国家安全保障基本法を上位法と位置づけ、下位法に集団自衛事態法、自衛隊の海外派遣恒久法である国際平和協力法を制定し、さらに自衛隊法を改定するとしている。これらの法律が成立すれば、集団的自衛権の行使や海外における武力行使が解禁されることになる。

国家安全保障基本法案の概要に書かれた内容の多くは、憲法そのものや憲法解釈に明らかに反する。そんな法案は国会提出さえできないと考えがちだが、それは違うようだ。

行政府の中央省庁が法案をつくる内閣立法なら、憲法との関係を審査する内閣法制局の段階でストップがかかり、国会提出には至らない。だが、国会議員が法案をつくる議員立法となれば、話は別である。

## 2 魔法のような議員立法

### ＊憲法違反の法案でも、議員立法なら提出できる

議員立法の場合、衆院、参院それぞれの法制局が審査して意見を述べるが、提出を決めるのはあくまで立法権のある国会議員である。衆議院法制局は「立法権があるのは国会議員であり、法制局ではない。しかし、議員立法では委員会や本会議で法案への質問に答えるのは提案議員。答弁に窮するような法案を提出するのは相当な覚悟が必要になるが、成立すれば行政府は法律を無視するわけにはいかない」という。

自民党には憲法違反の疑いが強い法案を提出した前例がある。

二〇一〇年五月、中谷元・元防衛庁長官ら五人の自民党議員が「国際平和協力法案」を衆院に出した。六章からなる長文の法案で、石破茂自民党幹事長が防衛庁長官当時、「ぼくが書いた」と公言していた法案である。

自衛隊の海外活動として、「人道復興支援活動」「停戦監視活動」「後方支援活動」「安全確保活動」「警護活動」「船舶検査活動」の六項目を列挙している。

このうち、自衛隊がＰＫＯなどで経験済みの活動は前半の三項目に過ぎず、残る三項目はこれまでの憲法解釈では違憲となり、現状では実施できない活動ばかりである。

安全確保活動は危険地域の駐留や巡回、殺傷・破壊活動の制止や予防を指し、武力行使を抜きには考えられない活動を規定している。

警護活動も同様で、危険地域で攻撃を仕掛けてくる武装勢力から要人や施設を武力で守ることを挙げ、ともに事実上「軍隊としての行動」を求めている。

船舶検査活動は大量破壊兵器の移動を阻止するための停船検査などを指すが、国会では違憲とされた停船のための威嚇射撃まで認めている。

法案は民主党政権下だったこともあり、一度も審議されないまま、二〇一二年十二月の衆議院解散により審議未了で廃案となったが、自民党は七月の参議院選挙の公約に「国際平和協力法の制定」も掲げている。

今回の国家安全保障基本法案も、議員立法の手続きが見込まれている。自民党が過去の自民党政権で積み重ねた憲法解釈を否定する法案を提出するのは、自己否定につながり、さすがにまずい。そこで野党に法案を提出させ、自民党がこれに乗る手法がひそかに検討されている。

法律が憲法違反か否か審査する、ドイツのような憲法裁判所の規定が日本にはないため、法律によって憲法解釈が変更され、「国のかたち」を変えることになる。国家安全保障基本法の成立は、三分の二の国会議員の賛成や国民投票が必要な憲法改正と比べ、魔法のように簡単である。

憲法九条を維持しても意味がないとなれば、護憲勢力は意気消沈し、改憲へ向けた勢いは加速することだろう。

**✻自民党は政権政党の「矜持」を忘れたのか?**

議員立法で憲法解釈を変える「抜け道」はいつ、だれが考えついたのだろうか。

二〇〇一年、「日米同盟の維持・強化」を目的に保守系の民間研究会「新日米同盟プロジェクト」が開催された。プロジェクトには米国の研究者らも参加し、米軍基地問題、朝鮮半島問題などについて議論した。興味深いのは、憲法・有事法制についての提言である。

坂元一哉大阪大学大学院教授は、日米同盟を深化させるため、日本領域や公海での集団的自衛権行使に踏み込むべきだとし、その方法として「国家安全保障基本法のようなもの」をつくり、規定するのが一番よいと主張した。

マーク・ステープルズ元米国防総省日本課長は、一九九三年の朝鮮半島危機で日本が集団的自衛権行使を禁じているために米国とともに行動できなかったと指摘し、行使容認に踏み切るよう求めた。

こうした考え方を自民党が受けとめ、「国家安全保障基本法」につなげたといえる。

興味深いのは、「安全保障の法的基盤の再構築に関する懇談会」のメンバー十三人のうち、「新日米同盟プロジェクト」に名前を連ねた有識者が五人もいることである。もちろん坂元氏もその一員である。

自民党は自らの政権下で憲法解釈を変えるような議員立法を提案したことは、一度もなかった。政権政党としての矜持《きょうじ》があったからである。その矜持を忘れたかのように、なりふり構わず、集団的自衛権行使に突き進む安倍首相。

改憲より早く、しかも改憲の呼び水となるウルトラCにかける暗い熱情が、日本を戦前のような軍国主義国家に導こうとしている。

# Ⅳ章　「防衛計画の大綱」へ<br>自民党が提言

イラクに派遣され、母子病院に止まった陸上自衛隊の装甲車(半田撮影)

## 1　「防衛を取り戻す」とは軍拡だ

### ＊「専守防衛」から「脅威対抗型」へ

防衛白書は日本周辺に差し迫った危機が存在しないことを明記している。冷戦時代、ソ連を指して「潜在的脅威」と指摘していたが、冷戦後の白書は軍事力を強める中国、核開発と弾道ミサイル開発を進める北朝鮮を含めて「不透明・不確実な要素が残されている」との記述にとどめている。

日本周辺に脅威がないことは自民党政権、民主党政権を通じて、防衛費が削減され続けたことからも分かる。

しかし、安倍政権は衆議院選挙の公約通り、二〇一三年度当初予算案のうち、防衛費四兆六千八百四億円を計上し、前年度より三百五十一億円（0・8％）増やした。防衛費増額は十一年ぶりになる。当初予算案を決めたのと同じ一月には一二年度補正予算案で防衛費に二一二四億円がつき、当初と補正の予算案を足した四兆八千九百二十八億円は、一九九四年度防衛費とほぼ同額になるところまで戻った。

防衛費増額の理由として、尖閣諸島の問題、北朝鮮による弾道ミサイル発射の成功など、日本を取り巻く周辺環境の変化を挙げている。

ちょっと待ってほしい。日本はいつから脅威対抗型の防衛力に戻ったのか。

日本の高度成長期、ソ連の強大な軍事力に対抗して防衛費を年々増やし続けた。「防衛力はどこまで拡大されるのか」との国民の不安を招いたことから、具体的な整備目標を掲げる目的で、一九七一年に「防衛計画の大綱」が策定された。

その中で、日本は限定的小規模侵攻に独力対処できる程度の防衛力を持つにとどめ、大規模侵攻には日米安全保障条約による米国の打撃力を期待することになった。専守防衛に徹することで憲法との整合性が図られたのである。

大綱を策定したのは、他ならぬ自民党政権である。安倍政権での急激な様変わりぶりに唖然とするほかない。タカ派色の強い政策そのものが挑発行為となり、アジアの緊張を高める当事者になるようでは話にならない。

## ✻平和国家の原則をくつがえす自民党の提言

自民党は二〇一三年六月四日、新「防衛計画の大綱」策定に係る提言を発表した。副タイトルとして「防衛を取り戻す」とある（130ページ資料参照）。安倍首相が年内に見直すと宣言した防衛大綱の自民党版である。興味深いのは、野党だった二〇一〇年六月十四日に発表した提言と比べ、今回はトーンダウンしていることだ。

一〇年の提言は、目次を含め全二十八ページあったが、今回は目次が消えて十三ページと半減している。書かれている内容に大差はない。薄くなったのは詳細な記述をやめたことによる。野党だった当時は民主党政権に「安全保障はこうすべきだ」と具体的な目標を掲げて実現を迫ったが、今回は安倍政権に圧力をかけないよう配慮したといえる。

「具体的な提言」は①法改正と「国防軍」の設置、②国家安全保障基本法の制定、③国家安全保障会議（日本版ＮＳＣ）の設立、④政府としての情報機能の強化、⑤国防の基本方針の見直し、⑥防衛省改革、の六項目となっている。

自民党は何か勘違いをしているのだろうか。憲法や法律のもとにあるのが防衛政策、すなわち「防衛計画の大綱」である。①の改憲、②の法律制定という自民党の願望を、政府が大綱に盛り込むはずがない。党としての意気込みは伝わるものの、大綱提言としては筋違いである。その他の項目は大綱に含めるか否か政府の考え方次第となる。

ただ、④には「秘密保護法」の制定を入れており、この提言は大綱には馴染まない。より問題なのは⑤国防の基本方針の見直し、である。決して見逃すわけにはいかない。

「国防の基本方針」は一九五七年、国防会議（現安保会議）と閣議で決定した。

①国連の活動を支持し、国際間の協調をはかり、世界平和の実現を期する。

②民生を安定し、愛国心を高揚し、国家の安全を保障するに必要な基盤を確立する。

③国力国情に応じ自衛のため必要な限度において、効率的な防衛力を漸進的に整備する。

④外部からの侵略に対しては、将来国連が有効にこれを阻止する機能を果たし得るに至るまでは、米国との安全保障体制を基調としてこれに対処する。

以上の四項目で、「防衛計画の大綱」はこの方針に従って策定されている。

下位にある大綱が、上位の国防の基本方針を覆せとの主張は法治の下克上であり、許されない。ちなみにこの「国防の基本方針」に従い、日本は「専守防衛」「軍事大国とならないこと」「非核三原則」「文民統制の確保」という平和国家の理念を打ち出している。これらを見直せというのは、この四項目をいずれも否定するというのだろうか。
ただ、提言は「文民統制の確保」については主張しているので見直す項目には含まれない。残り三項目を見直すとなると、「先制攻撃」「軍事大国化」「非核三原則の廃止」となる。

## 2 「策源地攻撃能力」を主張

### ✻いよいよ「大本営復活」か

その前提でさらに提言を読み進むと、「陸上総隊の創設」「海兵隊機能の保有」「策源地攻撃能力」「無人機・ロボットとの研究開発の促進」「自衛隊の人員・装備・予算の大幅な拡充」「自衛官に対する地位と名誉の付与」といった具体的な提言を通じて、先制攻撃が可能な強大な軍事力をもった自衛隊を目指すことが分かる。

陸上総隊は、全国五カ所に置かれている陸上自衛隊の方面隊の上位に置く総司令部を指す。旧日本軍の陸軍大本営が強大な力を持ち、軍部の暴走につながったことから、政府は陸上自衛隊の勢力を削ぐ意味を込めて五個方面隊制にした。統合運用に必要との理屈で、大本営を復活させようというのだ。

海兵隊機能は、米海兵隊のような「殴り込み部隊」を持つことを意味する。島しょ防衛に必要としているが、もちろん先制攻撃に活用できる。無人機やロボットは人的損害が少ないため、戦争を決断しやすくなる麻薬でもある。

人員・装備・予算を増やして自衛隊を拡充することは、「日本は軍事大国化する」とのメッセージであり、自衛官への地位と名誉を与えることは、専守防衛から踏み出し、海外の武力行使で戦死することを想定した措置と考えるほかない。

では、聞き慣れない「策源地攻撃能力」とは何だろうか。策源地とは敵の出撃、発進拠点を指し、これを攻撃するのは「敵基地攻撃」という呼び方で、国会で何度も議論されてきた。専守防衛でも可能な攻撃の形態で、以下のような国会答弁がある。

「わが国に対して急迫不正の侵害が行われ、その侵害の手段としてわが国土に対し、誘導弾などによる攻撃が行われた場合、座して自滅を待つべしというのが憲法の趣旨とするところだというふうには、どうしても考えられないと思うのです。そういう場合には、そのような攻撃を防ぐのに万一やむを得ない必要最小限度の措置をとること、例えば、誘導弾などによる攻撃を防御するのに、他に手段がないと認められる限り、誘導弾などの基地をたたくことは、法理的には自衛の範囲に含まれ、可能であるというべきものと思います」（一九五六年二月二十九日衆院内閣委員会、鳩山首相答弁船田防衛庁長官代読）

発射が差し迫った弾道弾（ミサイル）基地を攻撃する能力を持つのは、自衛の範囲で可能との趣旨である。一九九〇年代以降、北朝鮮による弾道ミサイルの発射が繰り返されるたびに、国会で敵基地攻撃能力の保有が議論になった。

自衛隊は弾道ミサイルを撃ち落とすミサイル防衛システムを備えているが、一〇〇％の迎撃は望めない。命中率が疑わしいうえ、迎撃の網から外れた地域は丸裸も同然である。だから「座して死を待つ」よりは打って出ようというのだ。

## ＊「敵基地攻撃能力」を検討した防衛省

だが、敵基地攻撃能力の保有には、いくつもの問題点がある。そのひとつは専守防衛のもと、防衛力整備、すなわち武器購入を続けてきた自衛隊は、攻撃的な武器体系になっていないことである。他国の基地を攻撃するのは、もっぱら米軍の打撃力を期待することになっている。

それでも防衛省は一度だけ、本格的に北朝鮮のミサイル基地攻撃を検討したことがある。一九九三年に北朝鮮の東岸からノドン一発が発射され、日本海に落下したときのことだ。日本列島全域を射程圏に収めることから危機感を持った運用担当の背広組、制服組が集められ、極秘に攻撃の可否を検討した（「北朝鮮基地攻撃を研究　九三年のノドン発射後　防衛庁　能力的に困難と結論」二〇〇三年五月八日東京新聞・中日新聞朝刊参照）。

その結果、F1支援戦闘機とF4EJ改戦闘機に五百ポンド爆弾か、地上攻撃用に改造した空対艦ミサイル（ASM）を搭載することで、限定的な攻撃が可能との意見が示された。しかし、①地対空ミサイルをかく乱する電子戦機がない、②F1支援戦闘機は航続距離が短く、攻撃後、操縦士が日本海で緊急脱出するしかない、③F4EJ改戦闘機にしても航続距離を考えると石川県の小松基地しか使えない――などの検討結果が出て、戦闘機と操縦士を失う可能性が極めて高いことが分かった。

米国を参戦させるには、犠牲を払ってでも攻撃に踏み切る覚悟がいるとの意見もあったが、検討会では「北朝鮮の基地を攻撃するのは困難」と結論づけ、極秘の検討会は解散した。以後、具体的な敵基地攻撃の検討は行われていない。

だが、あきらめたわけではない。その後の自衛隊は、敵戦闘機を監視する空中警戒管制機（ＡＷＡＣＳ）や、自衛隊の戦闘機が長距離を飛行するための空中給油機を保有した。精密爆撃は、ＧＰＳを内蔵したＧＰＳ誘導爆弾のＪＤＡＭの配備も始めている。相手国の防空レーダーを無力化する電子妨害装置の開発も進んでいる。完全とはいえないまでも、それなりに攻撃的な武器体系を持ちつつあることは間違いない。

## ＊もしも「軍拡のドミノ倒し」が始まったら

敵基地攻撃に必要な能力とは何だろうか。

守屋武昌防衛庁防衛局長は二〇〇八年三月二十七日の参院外交防衛委員会で、①敵の防空レーダー破壊能力、②航空機の低空進入能力、③空対地誘導弾または巡航ミサイル、④敵基地に関する正確な情報収集能力の４つを必要とする、と答弁している。

一方、自民党の大綱提言は「策源地攻撃能力の保持について、検討を開始し、速やかに結論を得る」とあるのみで、いずれの手段を選択するのか書いていない。しかし、一〇年の大綱提言には具体的に、「巡航ミサイルや小型固体ロケット技術を組み合わせた飛翔体（弾道ミサイル）による攻撃能力の保有」と具体的に主張していた。

この二種類のミサイル保有の可能性について、検討してみよう。

巡航ミサイルは湾岸戦争で世界中に知られることになった精密誘導ミサイルのことで、艦艇や航空機から発射され、目標に正確に命中する。地形を読み取りながら飛ぶため、偵察衛星からの地形情報を、通信衛星などを通じて入手する必要がある。

日本は偵察衛星と同じ役割の情報収集衛星を四基保有しているが、巡航ミサイルを誘導できるほどの精度は持っていない。巡航ミサイル保有にはまず偵察衛星を保有するという高い壁がある。

そもそも北朝鮮の大半の軍事施設は地下化しており、ミサイル基地も例外ではない。日本列島を射程に収めるノドン、西日本の一部まで届くスカッドCとも、車載された移動式で、発射のために引っ張りだされるまでは、どこに隠されているのか知りようがない。

守屋防衛局長の答弁の、「正確な情報収集能力」は持ちようがないということになる。巡航ミサイルと偵察衛星を保有するため、巨額の防衛費を投じても、効果をあげる保証はどこにもないのだ。

日本が新たにミサイルを保有すれば、専守防衛から先制攻撃へと防衛政策の軸足を移したとみなされ、中国、ロシア、韓国などの周辺国は日本への対抗措置を迫られることになる。日本を起点とする「軍拡のドミノ倒し」の始まりである。米国も日本が地域の緊張を高める事態を歓迎するだろうか。

自民党提言でさらに注目すべきなのは、「即応性を重視した弾道型固体長射程ロケット」と具体的に性能を示して弾道ミサイルの保有にまで踏み込んでいる点である。

## 3　核兵器保有への誘導路か

### ※弾道ミサイルを持つとは、核兵器を持つということ

弾道ミサイルは、単なる敵基地攻撃の武器にとどまらない恐ろしい兵器である。大量破壊兵器、すなわち核弾頭の運搬手段として使われるからだ。核保有国の米国、ロシア、中国、英国、フランス、インド、パキスタンなどはいずれも核弾頭を弾道ミサイルに搭載する。高額な弾道ミサイルに通常の弾薬を搭載するのでは、コスト面で割が合わないし、核爆弾を爆撃機から投下する方式は、途中で爆撃機が撃墜されるおそれがある。

現在では、核兵器＝弾道ミサイルが軍事常識となっている。二〇一二年十二月、長距離

ハワイのカウアイ島から発射された模擬弾道ミサイル（防衛省提供）

弾道ミサイルの発射に成功した北朝鮮も、核兵器を弾道ミサイルに搭載するため核弾頭の小型化を目指し、三度の核実験を行った。

北朝鮮は日本を飛び越える経路で人工衛星と称して弾道ミサイルの発射を繰り返している。自民党が想定する策源地攻撃の対象国が当面は北朝鮮であることに疑いはない。自民党は大綱提言で、核兵器の保有にまでは言及していないが、弾道ミサイル保有を主張すること自体に、将来へ向けた核保有の意図が含まれていると他国から疑われる可能性がある。

例えば、日本の宇宙ロケットH2Aの打ち上げ費用は一基約百億円もする。北朝鮮まで届く中距離弾道ミサイルを保有するにしても、一発の単価が数十億円になるのは避けられないだろう。

一方、北朝鮮が保有する日本まで届くノドンは二百発、西日本まで届くスカッドCは六百発とされる。そして発射基地の場所は必ずしも明らかではない。また移動して、空っぽになった基地を攻撃しても意味はない。

いずれにしても八百発もの弾道ミサイルを保有する基地を攻撃するには、多くの弾道ミサイルを発射する必要が生まれ、防衛費の極端な増額を余儀なくされる。財政の圧迫を最小限に抑え、敵基地攻撃を有効にするためには、保有する弾道ミサイルは核弾頭を搭載するのが費用対効果の面から優れている。

日本は核兵器保有の誘導路に歩を進めるのだろうか。

### ※日本国内のプルトニウムで核弾頭は何発つくれるか

では、日本は何発の核弾頭をつくれるのか。日本には五十基（廃炉になった福島第一原発を含めれば五十四基）の原発があり、核兵器の材料にできる核分裂性プルトニウムを日本原子力研究開発機構と日本原燃株式会社の再処理施設、燃料加工施設などで保管している。核分裂性プルトニウムの総量は二九・六二四トン（国内六・三一六トン、英仏国内二三・三〇八トン）である（二〇一二年九月十一日、第39回原子力委員会への内閣府公表資料より）。

ここからつくれる核弾頭は何発なのか。ヒラリー・クリントン元米国務長官は二〇一〇年四月十三日、ワシントンの「核安全保障サミット」で核兵器一個あたり、四キロのプルトニウムが必要であることを明らかにしている。

日本の保有量を換算すると、実に七千四百六発の核弾頭がつくれる勘定になる。北朝鮮が多くても二十発程度とみられるのに対し、日本の潜在的核弾頭保有数は実にその三百七十倍である。

政治家による核兵器保有の容認見解は、過去何度も浮上した。週刊誌「サンデー毎日」が二〇〇二年五月、早稲田大学の講演で「憲法上は原子爆弾（保有）だって問題ではない」と発言した、と報道した。発言者は現在首相の安倍晋三官房副長官である。その後、安倍副長官は朝日新聞の取材に「核兵器保有は最小限で小型で戦術的なものであれば必ずしも禁じられていない、とする政府見解や首相答弁を紹介した」と説明した。

同じ月には政府首脳の発言として、「非核三原則は憲法に近いものだ。今は憲法改正の話も出てくるような時代になったから、何か起こったら国際情勢や国民が『（核を）持つべきだ』ということになるかもしれない」と言ったことが伝えられ、問題化した。のちに当時の福田康夫官房長官が自らの発言と認めた。

問題になったあと、安倍氏は「私は政策として、核を保有すべきだとはみじんも考えたことはない」、福田氏は「三原則は今後とも堅持していく立場は不変」とそれぞれ釈明した。福田氏のいう非核三原則とは、「持たず、作らず、持ち込ませず」とする核兵器についての日本の基本政策で「国是」とされている。

## ✻技術的に可能でも核保有国になれないわけ

国是にもかかわらず、のちに首相になる重量級の政治家が簡単に核兵器保有容認ととれる発言をしてきた過去は重い。二〇一〇年の自民党提言は「即応性を重視した弾道型固体長射程ロケット」と具体的に言及したことにより、核兵器保有の最初の一歩になりかねない内容を含んでいたといえる。

例えば、H2Aのような液体燃料のロケットをミサイルに転用する場合、燃料注入に数日を要するため、即応性を満たさない。米国の大陸間弾道ミサイル（ICBM）などは固体燃料を搭載する。必要なときにすぐに発射できて、燃料漏れがない利点があるからだ。

日本のロケット開発は固体燃料の活用から始まった。糸川英夫博士が中心になったペンシルロケット（一九五四年開発開始）に続く、カッパロケット、ラムダロケットなどはいずれも固体燃料を使用、一九七〇年、日本初の人工衛星おおすみを打ち上げたのも固体燃料ロケットだった。

やはり固体燃料のM5ロケットは二〇〇六年で開発・生産が打ち切られたが、七機中、六機が打ち上げに成功、人工衛星を宇宙に運んでいる。アポロ群の小惑星「イトカワ」に着陸し、微粒子を地球に持ち帰った「はやぶさ」もM5ロケットが打ち上げた。日本が弾道ミサイルを開発するなら、すでに確立された固体燃料ロケット技術を使用することになり、運搬手段をあらたに開発する必要はない。

ただ、技術的に可能であることをもって日本が核保有国になれるわけではない。仮に非核三原則を放棄しても、日本は核拡散防止条約（ＮＰＴ）に加盟している事実に変わりはない。ＮＰＴは、米国、ロシア、英国、フランス、中国の五カ国を核保有国と定め、この五カ国以外への核兵器の拡散を防止する。これを不満とする核保有国のインド、パキスタン、イスラエルは加盟しておらず、北朝鮮は核保有を目指して脱退を表明した。

## ＊「拉致事件」は平和憲法のせいではない

日本が核兵器保有を目指すとすれば、国際的な孤立は覚悟しなければならない。世界中からの輸出入の極端な締めつけと「核の傘」を提供している米国から、日米安全保障条約を一方的に破棄される事態も覚悟しなければならない。結局、保有できるのは、通常弾頭を搭載した弾道ミサイル、巡航ミサイルにとどまらざるを得ないだろう。

弾道ミサイル、巡航ミサイルの活用法は、敵基地攻撃にとどまらないかも知れない。安倍首相は二〇一三年二月十五日、国会内で自民党の憲法改正推進本部の会合で集まった約百人の自民党議員に対し、「こういう憲法でなければ、横田めぐみさんを守れたかもしれない」と述べて、改憲の必要性を訴えた。

武力の行使や武力による威嚇ができるよう改憲して拉致事件の解決を図るか、未然防止に使おうというのだろう。憲法の歯止めさえなくなれば、弾道ミサイルや巡航ミサイルは他国に対する脅しに使えることになる。

だが、「拉致事件は憲法のせいだ」との認識自体が間違っている。

一九七〇年代から八〇年代にかけ日本各地であった失跡事件について、警察庁は北朝鮮による拉致と確信していた。しかし、政治がその重い腰を上げるのは二〇〇二年、小泉純一郎首相の訪朝まで待たなければならなかった。

これは憲法の問題ではなく、北朝鮮と向き合ってこなかった政治の問題ではないのか。日本が改憲して「国防軍」を持てば、北朝鮮は頭を下げ、拉致問題は解決するのだろうか。韓国は普通の軍隊を保有しているが、拉致被害者は五百人近くもいる。拉致事件の解決に必要なのは改憲ではない。

繰り返すが、わが国の防衛政策は日本国憲法のもとにある。前述した通り、「国防の基本方針」は、直接および間接の侵略を未然に防止し、万一侵略が行われるときはこれを排除してわが国の独立と平和を守ることを決め、「憲法のもと、専守防衛に徹し、他国に脅威を与えるような軍事大国とならないとの基本理念に従い、日米安保体制を堅持するとともに、文民統制を確保し、非核三原則を守りつつ、節度ある防衛力を自主的に整備してき」(平成二四年版防衛白書)たのである。

自民党は、わが国の防衛政策を理解しているのだろうか。いや理解しているからこそ、新たな提言を打ち出したり、この提言を実現するため改憲や国家安全保障基本法の制定による解釈改憲が必要と考えたりしているのだろう。

その自民党を率いる安倍首相は政治の力不足を棚上げし、「改憲や新法を制定すれば、何とかなる」という根拠のない楽観主義に身を浸しているようにみえる。

# V章　自衛隊の「国防軍」化からみえるもの

国際活動教育隊での海外派遣を想定した訓練。静岡県御殿場・駒門駐屯地（半田撮影）

# 1　対米支援の犠牲になる自衛隊

## ＊自衛隊が関わってきた「米国の戦争」

自衛隊が「国防軍」になると、どこがどう変わるのだろうか。

集団的自衛権の行使（公海での米艦艇の防護と米国を狙った弾道ミサイルの迎撃）、海外における武力行使（国連平和維持活動［ＰＫＯ］などで他国部隊を守るための「駆け付け警護」）、武力行使との一体化（ＰＫＯや戦闘地域での多国部隊への輸送、補給などの後方支援）といった、有識者懇談会が解禁を主張する四類型の三項目が、いずれも認められることになる。

「防衛計画の大綱」は「本格的な侵攻が生起する可能性は低い」としているため、日本防衛よりも米国が海外で行う戦争に参戦することになるだろう。

現に米国が引き起こした戦争のうち、アフガニスタン攻撃ではテロ対策特別措置法を制定して海上自衛隊の補給艦をインド洋に送り込み、米艦艇などへ洋上補給を実施した。

イラク戦争ではイラク特措法にもとづき、陸上自衛隊を現地へ送り込んで、人道復興支援を行った。さらにクウェートに派遣された航空自衛隊が武装した米兵をバグダッドへ空輸した。二〇〇八年四月、名古屋高裁はイラク空輸について「米軍の武力行使と一体化しており、憲法違反」との違憲判決を出している。自衛隊のままでも相当の対米支援を行っているのだ。

イラク戦争は米国が「大量破壊兵器を隠しもっている」と言いがかりをつけ、英国とともに攻撃に踏みきった。国際機関の査察中だったため、ドイツ、フランスは強く反対し、軍隊を派遣しなかった。日本は違った。小泉純一郎首相は世界に先駆けて米国への支持を表明、米国の要請に応えて自衛隊を派遣した。

大量破壊兵器が存在しなかったことは米国も認めている。オランダと英国ではイラク戦争は正しかったのかどうか検証した。英国では政府の調査委員会に当時のブレア首相が呼ばれ、証言した。検証は現在も続いている。

日本でも民主党政権下で国会議員によるイラク戦争の検証を求める動きが盛り上がったが、実現しないまま自民党政権に戻った。小泉政権のもとで決めたイラク派遣を安倍政権が検証するとは到底思えない。

結局はうやむやである。過去に学ぶことを知らない政治家が正しい未来への舵とりがで

C130輸送機を前にイラク空輸の報告をする航空自衛隊（防衛省提供）

きるだろうか。自衛隊初の戦地派遣となったイラクでは、憲法の規定から武力行使する米軍と離れ、一発の銃弾を撃つことなく、また一人の地元民を傷つけることもなかった。自衛官を戦死から守る「最後の砦」が憲法九条であるのは疑いがない。その憲法下でさえ、イラク派遣で問題が浮上した。

派遣された当時の隊員が日本政府を相手取った裁判が続いているのである。振り返ってみよう。

**＊イラクで米軍車両にはねられた自衛隊員の場合**

米国が主導したイラク戦争で空輸を担うため、航空自衛隊のＣ１３０輸送機が愛知県の小牧基地からクウェートのアリ・アルサレム空軍基地へ派遣された。この空軍基地の中で、米軍バスに航空自衛隊員がはねられて大けがをする交通事故が発生した。

事故は二〇〇六年七月四日、米軍が米国の独立記念日を祝って開催した長距離走大会で起きた。先頭を走っていた三等空曹・池田頼将さんは、後ろからきた民間軍事会社の米人女性が運転する米軍の大型バスにはねられ、左半身を強打して意識を失った。

米軍は池田さんを航空自衛隊に引き渡したが、治療設備のない航空自衛隊衛生隊は首にコルセットをはめただけ。事故の四日後、はじめて行ったクウェート市内の民間診療所では意思疎通ができず、まともな診察を受けられなかった。事故から帰国までの一カ月弱、痛みから毎日横になっていたが、部隊は早期帰国の措置をとらなかった。

上官は、額賀福志郎防衛庁長官（当時）が基地に激励に来た際と帰国後の小牧基地でのパレードで、コルセットを外すよう命令した。さらに公務災害補償の手続きも池田さんが指摘するまで行わないなど、事故を隠すような態度に終始したという。

池田さんの帰国は派遣期間明けの同年八月末となり、事故から二カ月近くが経っていた。帰国後、小牧市の病院に行くと、医師から「なぜ放置したのか」と聞かれ、外傷性顎関節性と診断された。

現在も口は満足に開かず、左半身は不自由なままで、身体障害者四級に認定された。自衛隊に必須の体育などができないことから部隊でいじめに遭い、二〇一一年に依願退職した。

防衛省によると、空輸活動のため、クウェートに派遣された隊員のうち、二十七人がけがや病気で米軍やクウェートの病院で診察を受けた。このうち、現地で治療できなかった十人を任期の四カ月より早く帰国させた。

池田さんが米軍の大型バスにはねられた事故から十三日後の二〇〇六年七月十七日、任期満了の隊員を帰国させるための専用便があり、六月二十七日にテコンドーの練習中にアキレス腱を切った隊員は帰国した。早期帰国を求めた池田さんの願いは聞き届けられなかった。

アキレス腱を切った隊員は自傷事故だったが、池田さんは米軍が起こした交通事故の被害者だ。当時、部隊運用を担当した防衛省幹部は「テコンドーの事故は報告があったが、米軍バスによる交通事故は記憶にない。初耳だ」という。航空幕僚監部広報室は「帰国希望の申し出は部隊に認識されていない。治療しながら勤務することは可能だったと考えている。隊員からの聞き取りから、事故は航空幕僚監部に報告されたと確認できたが、文書が廃棄され、いつ上がったか特定できていない」という。

池田さんの事故は、軽傷と報告されたので帰国させず、勤務させたというのだ。現在も不自由な体の池田さんの姿を一目みれば、生半可な事故でないことはだれにでも分かる。現にクウェートでは池田さんは執務室で横になることが多く、食事も口が開かないため、味噌汁をご飯にかけて口の横から流しこんでいた。部隊は池田さんを見て見ぬふりをした、と考えるほかない。なぜか――。

## ✻自衛隊はなぜ「事故隠し」をしたのか

池田さんが米軍バスにはねられた二〇〇六年七月は、空輸活動が変わる節目だった。六月二十日、額賀防衛庁長官は記者会見し、陸上自衛隊のイラクからの撤収と国連物資の空輸開始を発表した。空輸の中身は非公表だったが、民主党政権下の〇九年に情報開示され、主な空輸対象は国連物資ではなく、米兵だったことが判明している。

七月三十一日、武装した米兵が航空自衛隊のC１３０輸送機に乗り込み、バグダッドへの空輸が始まった。翌八月、米軍は掃討作戦を開始した。航空自衛隊が空輸した米兵は二万三千七百二十七人、車両、航空機機材、通信機材など物資は百三十八トンにのぼり、米軍の掃討作戦を側面から支えたのは間違いない。

米兵空輸を開始する直前、米軍バスが航空自衛隊の隊員をはねた事実が明るみに出れば、どうなっただろうか。「事故隠し」のような対応をみる限り、航空自衛隊は米軍との連携に不都合が出ると考えたのではないだろうか。

米軍は池田さんを診断して事故直後にもかかわらず、「治癒」との結論を出している。日本側がこの診断を覆して米軍に治療と補償を求めれば、日米間で摩擦が起こるのは避けられない。

事故が公表されれば日本国内でも問題視され、事故が追及される過程で当時、日本政府が伏せていた武装米兵を空輸している事実が明るみに出た可能性がある。「対米支援」は失敗に終わったかも知れない。

私が池田さんの事故を知ったのは、二〇一二年だった。長年、自衛隊を取材し続けてきて、旧日本軍と自衛隊の決定的な違いは兵士（隊員）の扱い方にある、と考えてきた。旧日本軍の戦死者の六割は餓死だったという事実は、食料補給を怠った軍部に全ての責任がある。人災による「野垂れ死に」を隠すため「英霊」として靖国神社に祭り上げ、責任追及の矛先をかわした。人命軽視と責任回避が旧日本軍の最大の特徴である。

## ＊隊員より米軍のほうが大事な自衛隊

池田さんの事故直前、イラクから撤収する陸上自衛隊が交通事故を起こした。二〇〇六年六月二十六日、クウェートへ撤収するためイラク南部の飛行場に向かっていた陸上自衛隊の軽装甲機動車が横転、乗っていた五人のうち三人が骨折などのけがをした。

防衛庁（当時）はただちに事故を公表した。統合幕僚監部は早期帰国させるため、チャーター便の手配を検討したほどだ。しかし、民間機による帰国の方が早いと分かり、けがをした三人は民間機で早々に帰国した。隊員は命令ひとつで海外へ派遣されるが、何かあったら組織挙げて責任をとるべく手厚く対応する。これが自衛隊の標準的な姿のはずである。

池田さんの事故との違いは、米軍が絡んでいるか否かの一点に尽きる。米軍と無関係の事故ならふつうに対応し、米軍が絡めば隊員は軽視されるのだろうか。当時、イラクの掃討作戦は山場を迎え、日本政府はあらたに武装米兵をバグダッドへ空輸することで対米支援することを決断していた。日米双方にとって重要な局面であったことは疑いない。

個人が国策の犠牲になる構図は、太平洋戦争で終わりのはずではなかったか。米軍のための犠牲とすれば、隊員より米国が大事となり、日本と米国との間の主従関係が際立つことになる。

## 2　戦争呼び込む集団的自衛権の容認

### ＊「集団的自衛権」で戦争の大義名分化

自民党の改憲草案から、「国防軍」の任務を推測してみよう。草案九条は「自衛権」を行使し、「国際的に協調して行われる活動及び公の秩序を維持」するとしている。単に自衛権とあり、日本国憲法で禁じている集団的自衛権行使にも踏み込むことを認めている。

あらためておさらいすると、集団的自衛権とは「自国と密接な関係にある外国に対する武力攻撃を自国が直接攻撃されていないにもかかわらず、実力をもって阻止する権利」であり、驚くべきことに第二次世界大戦後に起きた戦争のほとんどは集団的自衛権行使を大義名分にしている。

ベトナム戦争がその典型例である。米国は「南ベトナム政府からの要請」があったとして、集団的自衛権行使を理由に一九六五年に参戦、北ベトナムへの爆撃から戦争は本格化した。

米国との間で米韓相互防衛条約を締結している韓国は、米国への集団的自衛権行使を理由にベトナム戦争に参戦した。米軍は五万六千人、韓国軍は五千人が戦死した。北ベトナムと南ベトナム解放民族戦線の戦死者は九十万人にのぼった。

日本では東京の在日米軍横田基地が輸送機などの中継基地として使われ、後方支援機能を果たした。本土復帰前だった沖縄は、嘉手納基地がＢ52爆撃機の出撃拠点として活用された。

ベトナム戦争を参考にすると、集団的自衛権行使を理由に参戦するのは、米国のように「攻撃を受けた外国を支援する」、韓国のように「参戦した同盟国・友好国を支援する」という二つのケースがあることが分かる。前者の典型例はソ連によるアフガニスタン侵攻であり、後者には自衛権行使して攻撃を開始した米国のアフガニスタン攻撃に参戦した北大西洋条約機構（ＮＡＴＯ）諸国の例がある。

米国が独自の理屈である「先制自衛権」を行使して始めたイラク戦争への対応は、大量破壊兵器の査察中を理由にNATO諸国の対応が割れたが、英国は米国への集団的自衛権行使をもって参戦した。

## ＊「大義なき戦い」に「勝利」はない

興味深いのは、集団的自衛権を行使して戦争に介入した国々が勝利を得ていない点にある。米国はベトナム、イラクから撤収し、オバマ米大統領はアフガニスタンからの撤収方針を明らかにしている。中心になった米国が勝っていないのだから、ベトナム戦争に参加した韓国、イラク攻撃に参加した英国も勝てなかった。

自国が攻撃を受けているわけでもないのに、自ら戦争に飛び込む集団的自衛権の行使は、極めて高度な政治判断である。一方、大国から攻撃を受ける相手国にとっての敗北は被占領と政治体制の転換を意味するから、文字通り、命懸けで応戦する。大義なき戦いに駆り出された兵士と、大国の攻撃から自国を守る兵士との士気の違いは明らかだろう。

軍事介入のツケは重い。米国はベトナム戦争で巨額の戦費を投じ、ドルが海外へ流失、金の準備高をはるかに超えるドルの発行を余儀なくされ、金とドルの交換を保証したブレトン・ウッズ体制は崩壊、世界経済は金本位制から変動相場制に移行した。国内では厭戦気分が広がり、米軍は徴兵制を廃止した。

韓国は米国の戦争支援を見合わせるようになり、イラク戦争で久しぶりに空輸活動に参加した。イラク戦争をめぐって英国ではブレア政権が崩壊、いまなお戦争参加の是非を問う調査が続いている。

米国、英国、韓国が集団的自衛権を行使して参戦したこれらの戦争は「正しかった」のだろうか。

第一次世界大戦後の一九二八年、パリ不戦条約が締結され、国際法において戦争を違法化した。第二次世界大戦後、パリ不戦条約の精神を引き継いだ国際連合が発足、二〇一三年六月現在百九十三カ国が加盟している。国連は、侵略戦争は明快に否定しているが、自衛権行使は否定していない。集団的自衛権行使も認められているため、米国、英国、韓国のベトナム戦争やイラク戦争への参戦は違法とはされていない。見方を変えれば、集団的自衛権行使を容認していることが戦争を起こしやすくしていると考えられる。

戦争の後遺症にも目を向けなければならない。ベトナム戦争で米軍が使用した枯葉剤などの化学兵器、米軍がイラク戦争で使った劣化ウラン弾などの核兵器まがいの弾薬が兵士

日米共同訓練で米兵と並ぶ陸上自衛隊。2005年1月、札幌駐屯地（半田撮影）

や住民を苦しめる。生きて帰国できた兵士も身体の一部を失ったり、心的外傷後ストレス障害（ＰＴＳＤ）にかかったりする人も少なくない。戦争は環境を破壊し、人格を破壊し、人命まで奪う。

安倍政権がやろうとしている集団的自衛権行使の容認とは、まさに悪魔のささやきである。

## ✻日本の「国防軍」保有で北朝鮮、中国との関係はどうなる

「北朝鮮から攻撃されたらどうする」「中国に尖閣諸島を奪われるかも知れない」。そう考えて「国防軍」を保有し、集団的自衛権行使を容認すべきだと考える人が少なからずい

る。しかし、いずれも個別的自衛権で対応できる問題である。

北朝鮮からの攻撃があっても、自衛隊が対処すればよいだけである。侵略に備えて、毎年五兆円近い防衛費をかけて護衛艦、戦闘機、戦車などの武器を買い揃え、自衛官二十三万人を養っている。小規模侵攻なら独力対処し、米軍の打撃力が必要なら日米安保条約にもとづき、支援を要請する。

だが、北朝鮮は攻めてくるだろうか。

日本と北朝鮮との間には韓国があり、在韓米軍が駐留している。日本攻撃の前に大規模な第二次朝鮮戦争になると考えるのが軍事常識といえる。米軍がイラク、アフガニスタンで「勝てなかった」のは、武装勢力が自爆テロや仕掛け爆弾といった不意打ち戦術を多用したことによる。米軍のような巨大な軍隊はテロやゲリラといった非対称戦には弱いことが証明された。

朝鮮半島の戦いは違う。正規軍同士の戦いとなれば、予算、人員、装備に優れた米軍が鮮やかに勝利するのは火を見るより明らかだ。自滅につながる戦争に突入するほど、かの国の指導者は命知らずとは思えないのである。

確かに核開発、弾道ミサイルの開発を進めているが、いずれもイラクやアフガニスタンのように米国から攻撃されないための防衛手段であり、米国に対話を迫る政治的道具である。パキスタンやイランに輸出したミサイル技術は貴重な外貨獲得の手段でもある。

中国との間にある尖閣諸島の問題は、事態がエスカレートすれば、日中間の紛争に広がるおそれはある。だが、中国がソ連、インド、ベトナムとの間で繰り返してきた国境紛争をみる限り、領有権争いが本格的な戦争に発展した例はない。これまで書いた通り、米国が中国との争いごとに巻き込まれる事態を歓迎するはずがなく、米国の参入による紛争の拡大を心配する必要はない。

むしろ、日本が「国防軍」を持つことにより、問題は複雑化するだろう。今でさえ、安倍首相は自衛隊の装備・人員・予算の拡大を明言している。それが国防軍になれば、その名前に相応しい攻撃的装備が検討され、予算、人員とも格段に増えるのは間違いない。極端な軍拡路線は、周辺国の警戒感を招き、アジア全体を軍拡競争に引きずり込むことになる。国内においては、社会保障費など、軍事から一番遠い分野の経費が削減を余儀なくされるだろう。

上滑りしたナショナリズムに酔う国民の中から、外国との揉め事に「国防軍」の派遣を求める声が出てくれば、軍事を知らず、何事にも楽観的な政治家が、人気取りから取り返しのつかない決断をするかも知れない。

## 3　良質な若者は逃げだす

### ❋北沢俊美・元防衛大臣の懸念

民主党政権下で二年間、防衛相を務めた北沢俊美参議院議員は二〇一三年二月二十日、所属する民主党の近現代史研究会でこう述べた。

「二年間防衛相をやって、一番心強かったのは憲法九条。中国の動きが激しくなる、米国にもどう対応すればいいのかという狭間で、憲法九条があるから『そこのところまで』となる。憲法九条が最大のシビリアンコントロールだったとしみじみ感じるのです」

北沢氏は日本防衛の指針である「防衛計画の大綱」を改定したり、是非は別として武器輸出三原則を緩和したりした実力派の防衛相である。今なお防衛省には「本格派の大臣だった」と慕う声が強い。

発言を意外に思い、北沢氏に会いに行った。長野県出身の北沢氏は太平洋戦争当時、小学生。近所の家々から戦死者が出たという。

「お墓に行くと墓石は粗末なのに立派な石碑が建っている。○○伍長、ルソン島で戦死とある。大切な人を失ったから石碑を作ったというだけでなく、その裏に国に招集され、戦死したのだ、そのことを分かってくれ、と訴えているんだと思った」と話し、「父親や夫を失った家をみんなが応援する。それもそのときだけだ。そのうち早く田植えしないから、迷惑だなんていう。あの戦争で働き手を失った民が困窮し、国が没落した。この歴史は二度と繰り返してはいけない、そんな思いで政治家になったんだよ」と続けた。

防衛相として八回、米国のゲーツ国防長官（当時）と会談したという。「ただの一度だってゲーツから『集団的自衛権行使を解禁するように』と求められたことはなかった。安倍政権の舵取りは危なっかしくて仕方がない」といい、声を潜めた。

「あちこちの部隊に行ったから分かるが、自衛官はみんないい若者だ。東日本大震災で献身的な活動をしただろう。あれが本当の自衛官だ。しかし、国防軍になるとみんな逃げ出して、違う性質の者と入れ替わるのではないかと心配だ」

### ＊「救援活動」にあこがれて自衛隊を志望する若者たち

東日本大震災後、内閣府が行った「自衛隊・防衛問題に関する世論調査」で自衛隊によい印象を持っているとの回答が初めて九割を超えた。東日本大震災での活動は実に九七・七％が「評価する」と回答した。

第二次世界大戦後、日本は侵略を受けたことがなく、紛争に巻き込まれたこともないので戦争の経験がない。自衛隊の主な活動は国内外の災害救援活動、海外での国連平和維持活動（ＰＫＯ）と国際緊急援助隊に限られている。「人助け」に徹してきた世界でも珍しい軍事組織である。安倍首相はそんな自衛隊を「国防軍」にして、政治力や外交努力で解決すべき問題を軍事力で手っとり早く解決したいのだろうか。

陸上自衛隊の中堅幹部を養成する学校を訪ねた。相模湾に望む三浦半島の神奈川県横須賀市にある陸上自衛隊高等工科学校だ。中学を卒業した九百六十人の男子生徒が将来の陸上自衛官を目指し、学んでいる。倍率は実に十五倍。公立・私立の有名校と掛け持ち受験も多い、隠れた難関校のひとつだ。

生活は厳しく、全寮制。入校してすぐにアイロンがけとボタン付けを教え込まれる。教室の移動は毎回、整列。一年生は携帯電話も所持できない。二年生から射撃や戦闘の訓練が始まり、三年生になると演習場に泊まり込んで本格的な演習を体験する。体育クラブは必修。卒業して陸上自衛官になるころには、行儀のよい筋骨隆々の若者に育つことになる。

一年生から三年生までの十人が取材に応じてくれた。東日本大震災で家を流された岩手県出身の三年生は、自衛隊の献身的な救援活動にあこがれ、受験した。八人が災害派遣で自衛隊を知り、残り二人は国連平和維持活動（ＰＫＯ）で海外の活動を知って、志望動機になった。国防の意識は後からついて来るようだ。

## ＊「国防軍」を貧困化した若者の受け皿にするのか

自衛隊が「国防軍」となり、専守防衛の歯止めが消えれば、海外での武力行使も想定しなければならない。海外で戦争を続けてきた米国は多くの戦死者・戦傷者を出し、帰国後、心的外傷後ストレス障害（ＰＴＳＤ）に悩まされる兵士も少なくない。自衛隊あらため「国防軍」に、この学校に来るような良質な若者が集まるだろうか。

「改憲しなければ、日本は守れない」。そう主張する政治家は、別の意図を隠していると疑ってみるべきだろう。自民党が指向する新自由主義路線は、安倍首相の再登板によって純化されようとしている。政府機能までも市場経済に委ねるようとする新自由主義は、貧富の差を広げる弱肉強食の世界である。

一握りの富裕層が国富の大半を手にする米国のような国を目指そうとする為政者にとって必要なのは、新たな統治機構である。それこそが「国民を支配する憲法」、すなわち自民党憲法を必要とする理由であろう。

自衛隊が行うＰＫＯや災害派遣を通じた「人助け」にあこがれ、入隊してくる良質な若者が自衛隊から消えても心配はいらない。新自由主義によって企業がさらにグローバル化し、正規雇用されない若者が増えるからである。雇用の場を求めて米国の貧困層が米軍に入るのと同じように、貧困化した日本の若者は「国防軍」を目指すことになるだろう。

## 4　身内に甘い軍法会議

### ❇「えひめ丸事件」にみる米軍法会議の実態

「国防軍」には軍法と軍法会議が欠かせない。自民党憲法改正草案には「国防軍の軍人

えひめ丸と衝突した米原潜グリーンビル（米海軍のHPより）

がその職務の実施に伴う罪を犯した場合、裁判を行うため、国防軍に審判所を置く」とある。

「国防軍の審判所」すなわち軍法会議は、私たちが事件や交通事故を起こした場合に適用される、刑法や道路交通法で裁かれる裁判とはまったく異なる性質の裁判である。

私は二〇〇一年一月、米国のハワイ沖で米海軍の原子力潜水艦「グリーンビル」と愛媛県宇和島水産高校の実習船「えひめ丸」の衝突事故を現地で取材した。緊急浮上したグリーンビルにえひめ丸が衝突されて沈没、乗員と生徒九人が死亡した事故である。

米海軍は艦長のワドル中佐の責任を問う査問会議を開催した。

査問会議は軍法会議にかける必要があるか否かを審査する予審にあたる。焦点になったのは①職務怠慢、②(潜水艦を危険に陥れる)艦艇危険、③過失致死、の三点。ワドル艦長が「この調査の目的は事故原因を確定すること。過ちを起こしたが、故意ではない」と声明を読み上げ、審査は始まった。

十六日間の査問会議で判明したのは、驚くべき内容だった。グリーンビルはブッシュ大統領の地元、テキサス州の支持者らを乗せて遊覧潜水をしていたのだ。乗員十三人の勤務配置のうち、九人が本来の配置ではなく、潜水艦の目にあたるソナー(水中音波探知機)に無資格者がいたり、ソナーモニターが壊れていたりした。

ワドル艦長は乗客と談笑していて予定が遅れ、浮上する前に行う潜望鏡による探知でえひめ丸を発見できず、しかも急浮上し、事故につながったことが分かった。

日本なら行政処分を決める海難審判と業務上過失致死罪に問う刑事裁判が開かれるケースだ。現に海上自衛隊の艦艇が民間船舶と衝突して相手側に死者が出た「潜水艦なだしお衝突事故」と「イージス護衛艦あたご衝突事故」は海難審判と刑事裁判が開かれた。

査問会議は、ワドル艦長の刑事責任を問う軍法会議開催を見送るよう勧告して終わり、軍法会議は開かれなかった。艦長は名誉除隊し、ビジネス社会に転身している。私は次のような解説を書いた（二〇〇一年四月二十四日東京新聞夕刊）。

原潜事故処分　身内に甘い「軍の体質」　真相解明不可能に

米政権、早期決着の思惑も

えひめ丸衝突事故で太平洋艦隊のファーゴ司令官は査問会議の勧告を受け入れ、米原潜のワドル前艦長らを司令官権限で処罰した。前艦長の責任を明確化する一方、海軍内部の声に配慮して軍法会議を回避する玉虫色の決着となった。

軍法会議は軍人を守る色彩が強く、開催されても無罪となる公算が大きかった。さらに長期化は避けられず、ブッシュ政権で初の不祥事となったえひめ丸衝突事故に早く決着をつけたい米政府の思惑もあった。

だが、軍法会議となれば、民間人による体験搭乗と事故との因果関係があらためて問われ、軍上層部の責任問題に発展する可能性があったのも事実だ。

事故当日、原潜グリーンビルは体験搭乗は訓練初日や最終日に実施するとの軍内規に反し、体験搭乗だけを目的に出航した。乗員が勝手に配置を交代するなど緊張感の途切れた艦内で、一人張り切った前艦長が強引な操艦を命じ、事故につながったというのが事故の概要といえる。

民間人十六人のうち八人はブッシュ大統領の地元、テキサス州からの参加。体験搭乗を依頼した元太平洋軍司令官のマッキー氏や民間人は証言台に立つことなく、不完全燃焼のうちに査問会議は終わった。

体験搭乗は海軍への支持を得る重要なイベントとして日常的に行われている。それを実行した前艦長を軍法会議にかけては、軍の士気にかかわるというのが査問委員やファーゴ司令官の判断だろう。

それでも軍法会議を通じて事故原因を徹底解明し、責任の所在を明らかにしてほしい、というのが、えひめ丸関係者の願いだった。

前艦長が受けた処分内容は戒告、減給という軽いもの。退職金が支払われる名誉除隊が認められ、前艦長は生涯、退役軍人としての身分と年金受給が認められる。身内に甘い「軍の体質」が表れたとの印象はぬぐえない。

軍法や軍法会議とは、軍隊だから一般人とは違うという独特の論理に従い、軍隊や軍人に力を与える道具である。平和ボケした日本の政治家は「普通の国なら国防軍があって当たり前、軍法はセットでしょう」程度の認識でいるのではないか。

軍隊が力を持てば、相対的に政治の力は地盤沈下し、軍のコントロールは難しくなる。よほどの不都合がない限り、現状を変更する必要はない。積み木細工のような憲法解釈を積み上げ、世界のどこにもない自衛隊という軍事組織を持つに至った現状こそ、日本人の知恵と過去の侵略戦争への反省の賜物ではないだろうか。

# 自民党新憲法草案(抜粋)

前文

日本国民は、自らの意思と決意に基づき、主権者として、ここに新しい憲法を制定する。

象徴天皇制は、これを維持する。また、国民主権と民主主義、自由主義と基本的人権の尊重及び平和主義と国際協調主義の基本原則は、不変の価値として継承する。

日本国民は、帰属する国や社会を愛情と責任感と気概をもって自ら支え守る責務を共有し、自由かつ公正で活力ある社会の発展と国民福祉の充実を図り、教育の振興と文化の創造及び地方自治の発展を重視する。

日本国民は、正義と秩序を基調とする国際平和を誠実に願い、他国とともにその実現のため、協力し合う。国際社会において、価値観の多様性を認めつつ、圧政や人権侵害を根絶させるため、不断の努力を行う。

日本国民は、自然との共生を信条に、自国のみならずかけがえのない地球の環境を守るため、力を尽くす。

第2章　安全保障

第9条（平和主義）

日本国民は、正義と秩序を基調とする国際平和を誠実に希求し、国権の発動たる戦争と、武力による威嚇又は武力の行使は、国際紛争を解決する手段としては、永久にこれを放棄する。

第9条の2（自衛軍）

①我が国の平和と独立並びに国及び国民の安全を確保するため、内閣総理大臣を最高指揮権者とする自衛軍を保持する。

②自衛軍は、前項の規定による任務を遂行するための活動を行うにつき、法律の定めるところにより、国会の承認その他の統制に服する。

③自衛軍は、第1項の規定による任務を遂行す

るための活動のほか、法律の定めるところにより、国際社会の平和と安全を確保するために国際的に協調して行われる活動及び緊急事態における公の秩序を維持し、又は国民の生命若しくは自由を守るための活動を行うことができる。

④前2項に定めるもののほか、自衛軍の組織及び統制に関する事項は、法律で定める。

第3章　国民の権利及び義務

第12条（国民の責務）

この憲法が国民に保障する自由及び権利は、国民の不断の努力によって、保持しなければならない。国民は、これを濫用してはならないのであって、自由及び権利には責任及び義務が伴うことを自覚しつつ、常に公益及び公の秩序に反しないように自由を享受し、権利を行使する責務を負う。

第13条（個人の尊重等）

すべて国民は、個人として尊重される。生命、自由及び幸福追求に対する国民の権利については、公益及び公の秩序に反しない限り、立法その他の国政の上で、最大の尊重を必要とする。

第9章　改正

第96条

①この憲法の改正は、衆議院又は参議院の議員の発議に基づき、各議院の総議員の過半数の賛成で国会が議決し、国民に提案してその承認を経なければならない。この承認には、特別の国民投票において、その過半数の賛成を必要とする。

②憲法改正について前項の承認を経たときは、天皇は、国民の名で、この憲法と一体であるものとして、直ちに憲法改正を公布する。

# 国家安全保障基本法案（概要）

第１条（本法の目的）

本法は、我が国の安全保障に関し、その政策の基本となる事項を定め、国及び地方公共団体の責務と施策とを明らかにすることにより、安全保障政策を総合的に推進し、もって我が国の独立と平和を守り、国の安全を保ち、国際社会の平和と安定を図ることをその目的とする。

第２条（安全保障の目的、基本方針）

安全保障の目的は、外部からの軍事的または非軍事的手段による直接または間接の侵害その他のあらゆる脅威に対し、防衛、外交、経済その他の諸施策を総合して、これを未然に防止しまたは排除することにより、自由と民主主義を基調とする我が国の独立と平和を守り、国益を確保することにある。

２　前項の目的を達成するため、次に掲げる事項を基本方針とする。

一　国際協調を図り、国際連合憲章の目的の達成のため、我が国として積極的に寄与すること。

二　政府は、内政を安定させ、安全保障基盤の確立に努めること。

三　政府は、実効性の高い統合的な防衛力を効率的に整備するとともに、統合運用を基本とする柔軟かつ即応性の高い運用に努めること。

四　国際連合憲章に定められた自衛権の行使については、必要最小限度とすること。

第３条（国及び地方公共団体の責務）

国は、第２条に定める基本方針に則り、安全保障に関する施策を総合的に策定し実施する責務を負う。

２　国は、教育、科学技術、建設、運輸、通信その他内政の各分野において、安全保障上必要な配慮を払わなければならない。

3　国は、我が国の平和と安全を確保する上で必要な秘密が適切に保護されるよう、法律上・制度上必要な措置を講ずる。

4　地方公共団体は、国及び他の地方公共団体その他の機関と相互に協力し、安全保障に関する施策に関し、必要な措置を実施する責務を負う。

5　国及び地方公共団体は、本法の目的の達成のため、政治・経済及び社会の発展を図るべく、必要な内政の諸施策を講じなければならない。

6　国及び地方公共団体は、広報活動を通じ、安全保障に関する国民の理解を深めるため、適切な施策を講じる。

**第4条**（国民の責務）

国民は、国の安全保障施策に協力し、我が国の安全保障の確保に寄与し、もって平和で安定した国際社会の実現に努めるものとする。

**第5条**（法制上の措置等）

政府は、本法に定める施策を総合的に実施するために必要な法制上及び財政上の措置を講じなければならない。

**第6条**（安全保障基本計画）

政府は、安全保障に関する施策の総合的かつ計画的な推進を図るため、国の安全保障に関する基本的な計画（以下「安全保障基本計画」という。）を定めなければならない。

2　安全保障基本計画は、次に掲げる事項について定めるものとする。

一　我が国の安全保障に関する総合的かつ長期的な施策の大綱

二　前号に掲げるもののほか、安全保障に関する施策を総合的かつ計画的に推進するために必要な事項

3　内閣総理大臣は、前項の規定による閣議の決定があったときは、遅滞なく、安全保障基本計画を公表しなければならない。

4　前項の規定は、安全保障基本計画の変更について準用する。

- 別途、安全保障会議設置法改正によって、
- 安全保障会議が安全保障基本計画の案を作成し、閣議決定を求めるべきこと
- 安全保障会議が、防衛、外交、経済その他の諸施策を総合するため、各省の施策を調整する役割を担うこと

を規定。

**第7条**（国会に対する報告）

政府は、毎年国会に対し、我が国をとりまく安全保障環境の現状及び我が国が安全保障に関して講じた施策の概況、ならびに今後の防衛計画に関する報告を提出しなければならない。

**第8条**（自衛隊）

外部からの軍事的手段による直接または間接の侵害その他の脅威に対し我が国を防衛するため、陸上・海上・航空自衛隊を保有する。

2　自衛隊は、国際の法規及び確立された国際慣例に則り、厳格な文民統制の下に行動する。

3　自衛隊は、第一項に規定するもののほか、必要に応じ公共の秩序の維持に当たるとともに、同項の任務の遂行に支障を生じない限度において、別に法律で定めるところにより自衛隊が実施することとされる任務を行う。

4　自衛隊に対する文民統制を確保するため、次の事項を定める。

一　自衛隊の最高指揮官たる内閣総理大臣、及び防衛大臣は国民から選ばれた文民とすること。

二　その他自衛隊の行動等に対する国会の関与につき別に法律で定めること。

**第9条**（国際の平和と安定の確保）

政府は、国際社会の政治的・社会的安定及び経済的発展を図り、もって平和で安定した国際環境を確保するため、以下の施策を推進する。

一　国際協調を図り、国際の平和及び安全の維持に係る国際社会の取組に我が国として主体的かつ積極的に寄与すること。

二　締結した条約を誠実に遵守し、関連する国内法を整備し、地域及び世界の平和と安定のための信頼醸成に努めること。

三　開発途上国の安定と発展を図るため、開発援助を推進すること。なおこの実施に当たっては、援助対象国の軍事支出、兵器拡散等の動向に十分配慮すること。

四　国際社会の安定を保ちつつ、世界全体の核兵器を含む軍備の縮小に向け努力し、適切な軍備管理のため積極的に活動すること。

五　我が国と諸国との安全保障対話、防衛協力・防衛交流等を積極的に推進すること。

**第10条**（国際連合憲章に定められた自衛権の行使）

第2条第2項第4号の基本方針に基づき、我が国が自衛権を行使する場合には、以下の事項を遵守しなければならない。

一　我が国、あるいは我が国と密接な関係にある他国に対する、外部からの武力攻撃が発生した事態であること。

二　自衛権行使に当たって採った措置を、直ちに国際連合安全保障理事会に報告すること。

三　この措置は、国際連合安全保障理事会が国際の平和及び安全の維持に必要な措置が講じられたときに終了すること。

四　一号に定める「我が国と密接な関係にある他国」に対する武力攻撃については、その国に対する攻撃が我が国に対する攻撃とみなしうるに足る関係性があること。

五　一号に定める「我が国と密接な関係にある他国」に対する武力攻撃については、当該被害国から我が国の支援についての要請があること。

六　自衛権行使は、我が国の安全を守るため必要やむを得ない限度とし、かつ当該武力攻撃との均衡を失しないこと。

2 前項の権利の行使は、国会の適切な関与等、厳格な文民統制のもとに行われなければならない。

別途、武力攻撃事態法と対になるような「集団自衛事態法」(仮称)、及び自衛隊法における「集団自衛出動」(仮称)的任務規定、武器使用権限に関する規定が必要。
当該下位法において、集団的自衛権行使については原則として事前の国会承認を必要とする旨を規定。

**第11条(国際連合憲章上定められた安全保障措置等への参加)**

我が国が国際連合憲章上定められ、又は国際連合安全保障理事会で決議された等の、各種の安全保障措置等に参加する場合には、以下の事項に留意しなければならない。

一 当該安全保障措置等の目的が我が国の防衛、外交、経済その他の諸政策と合致すること。

二 予め当該安全保障措置等の実施主体との十分な調整、派遣する国及び地域の情勢についての十分な情報収集等を行い、我が国が実施する措置の目的・任務を明確にすること。

本条の下位法として国際平和協力法案(いわゆる一般法)を予定。

**第12条(武器の輸出入等)**

国は、我が国及び国際社会の平和と安全を確保するとの観点から、防衛に資する産業基盤の保持及び育成につき配慮する。

2 武器及びその技術等の輸出入は、我が国及び国際社会の平和と安全を確保するとの目的に資するよう行われなければならない。特に武器及びその技術等の輸出に当たっては、国は、国際紛争等を助長することのないよう十分に配慮しなければならない。

# 新「防衛計画の大綱」策定に係る提言

## （「防衛を取り戻す」）

［抜粋］

自由民主党

一　はじめに（略）

二　わが国を取り巻く安全保障環境（略）

三　具体的な提言

1．基本的安全保障政策

（1）憲法改正と「国防軍」の設置

わが党は既に策定した憲法改正草案において、第9条の第一項を基本的に維持するとともに、第二項において「前項の規定は自衛権の発動を妨げない」としたところである。その意味するところは、今後とも「国際紛争を解決する手段としての武力による威嚇ならびに武力の行使を行わない」ことを明確にした上で、「国連憲章に認める個別的ならびに集団的自衛権についてはわが国防衛のためにその発動を妨げない」とした点にある。

また、「草案」では新たに「国防軍」の条項を設け、内閣総理大臣を最高指揮官として定めることとした。その理由は、今や世界有数の規模と実力を有するに至った自衛隊が最高法規の上に明確に規定されていない異常な状態を解消するためであり、「シビリアンコントロール」の原則を最高法規の上に明確に規定するためである。

国民の幅広い理解と支持を得てできるだけ早期に憲法改正が行われることが望ましく、我々としてもその環境を醸成していくために不断の努力を行っていく決意である。

（2）国家安全保障基本法の制定

安全保障政策を具体的かつ総合的に推進するため、政府の「安全保障の法的基盤の再構築に関する懇談会」の議論の成果を踏まえつつ、わが国の安全を確保するに足る必要最小限度の自衛権行使（集団的自衛権を含む）の範囲を明確化し、国家安全保障の基本方針、文民統制のルール、防衛産業の維持育成の指針、武器輸出に係る基本方針等を規定した「国家安全保障基本法」を制定する。

（3）国家安全保障会議（日本版ＮＳＣ）の設立

外交と安全保障に関する官邸の司令塔機能を強化するため、官邸に国家安全保障会議（日本版ＮＳＣ）を設置し、総理のリーダーシップの下、機動的かつ定期的に会議を開催する。国家安全保障会議はわが国の安全保障戦略ならびにそのための基本計画を策定すると同時に、より強化された情報集約機能ならびに分析能力を有する組織とする。

そのために国家安全保障会議の事務局体制を充実させるとともに、総理大臣の軍事面における補佐機能を強化するため、官邸に防衛政策・軍事に関する専門家を配置する。

（4）政府としての情報機能の強化

国家安全保障会議の設置に伴い、政府全体として、人的情報（ヒューミント）を含めた情報収集機能を強化するとともに、各省の情報を迅速に官邸に一元化し、総理大臣へ適宜適切に報告を行うことのできる体制を確立する。また、政府内での情報共有の促進ならびに情報保全のために、国民の知る権利との関係も考慮しつつ、「秘密保護法」を制定する。

さらに、事態の早期察知によりわが国の安全保障に万全を期すため、現在の情報収集衛星及びその運用体制を「質」「量」ともに拡充し、その能力の一層の向上を図る。

（5）国防の基本方針の見直し

昭和32年に決定された「国防の基本方針」については、現在の周辺安全保障環境や近年の軍事技術の進展状況なども踏まえ、国家安全保障会議において検討を加え、より現実的かつ適切なものに見直すとともに、国家安全保障会議が策定する安全保障戦略等への一本化を検討する。

（6）防衛省改革

わが党は、これまで防衛省改革について、内部部局（文官）と各幕僚監部（制服）の関係を見直すとともに、内部部局を「U（制服）」「C（文官）」混合組織とし、運用面における大臣の補佐機能を強化するため運用企画局を廃止し、統合幕僚監部の下に部隊運用に係る機能を統合し迅速な対応が行い得る体制を確立する等との提言をまとめてきた。

防衛省改革については、これを踏まえ、東日本大震災などの近年の事案への対応や防衛力の在り方等に関する検討も勘案しながら、隊員の意識改革を進め、「U」と「C」がより一体的に機能するものとしつつ、監察体制の強化を含む公正・効率的な調達業務態勢を構築する。同時に、運用部門や防衛力整備部門等において内局と各幕僚監部が一体的に機能する態勢を構築するための所要の法改正を行い、その後も、これらの実施状況を踏まえ、不断の見直しを行う。

2．防衛大綱の基本的考え方

新たな防衛力の構築～強靭な機動的防衛力～

「平成23年度以降に係る防衛計画の大綱」において示された「動的防衛力」の概念は、運用に焦点をあてた概念であるが、運用の実効性を担保するためには、その前提となる十分な「質」と「量」を確保し、防衛力を強靭なものとすることが不可欠である。

このような観点から、新たな防衛力の構築にあたっては、事態において迅速かつ的確に対応できるよう、機動運用性、統合指揮運用能力、輸送力等の機能拡充を図りつつ、防衛力の強靭性・柔軟性・持続性や基地の抗堪性の確保、戦力の維持・回復力の強化などを重視する。

その際、高烈度下においても、着実にわが国防衛の任務を全うできる能力を確保するとともに、大規模災害対処や国民保護も含め、国民の生命・財産、領土・領海・領空を断固として守り抜くための「強靭な機動的防衛力」の構築を目指す。

3．国民の生命・財産、領土・領海・領空を断固として守り抜く態勢の強化

（1）隙間のない（シームレスな）事態対応

あらゆる脅威に対して隙間のない事態対応を行うため、防衛省・自衛隊、警察及び海保等の関係省庁間の連携を強化し、政府全体として、わが国の領土・領海・領空をシームレスな体制で守り抜く。また、関係省庁相互の連携によって、緊張感を伴った実戦的な訓練を実施するとともに、不足事項を真摯に検証して改善を加える。

その上で、武力攻撃と評価するには至らない侵害行為への対処（例：「領域警備」）など、わが国の領域を確実に警備するために必要な法的課題について不断の検討を行い、実効的な措置を講じる。

（2）統合運用の強化

複雑化する運用業務に適切に対応するため、より効果的な統合運用実現の観点から、指揮統制・情報通信や後方補給について、装備の充実を含むより実戦的なネットワークシステムを構築するとともに、中央における統合幕僚監部の機能と権限を強化する。

また、真に機能する統合運用体制の確立に不可欠な統合マインドを備えた人材の育成を促進するため、将官ポストへの昇進に当っては統合幕僚監部や関係省庁等での勤務経験など、新たな自衛官の教育システム及びキャリアパスを創設する。

さらに、統合運用の観点から、「陸上総隊」を創設することを含め、方面総監部を始めとする各自衛隊の主要部隊等の在り方について総合的に検討し、必要な改編を行う。

（3）警戒監視・情報収集分析機能の強化

統合運用をより効果的に支えるため、警戒監視・

情報収集分析態勢を強化する。事態の兆候を早期に察知し、迅速かつ隙間のない対応を確保するため、広域における総合的かつ常時継続的な警戒監視・情報収集に適した無人機等の新たな装備品を導入するとともに、そのために必要な質の高い情報収集分析要員を確保・育成するなど情報収集分析機能の拡充・強化を図る。また、海外における情報収集に資する「防衛駐在官」の在り方を抜本的に見直し、必要な人員・態勢・予算・権能の充実・強化を図る。

（4）島嶼防衛の強化

先島諸島などの部隊配備の空白が存在する島嶼部において隙間の無い警戒監視・初動対処能力を強化する。また、航空優勢の確保、事態対処時に増援部隊が当該地域へ展開する際の活動・補給拠点の設置など、作戦遂行のための基盤を強化する。併せて、先島諸島周辺空域の防空能力を強化するため、先島諸島における航空部隊の運用基盤を整備する。

また、島嶼防衛に不可欠な海空優勢を確保するため、対空・対艦・対潜能力を強化する。さらに、島嶼防衛を念頭に、緊急事態における初動対処、事態の推移に応じた迅速な増援、海洋からの強襲着上陸による島嶼奪回等を可能とするため、自衛隊に「海兵隊的機能」を付与する。

具体的には、高い防護性能を有する水陸両用車や、長距離を迅速に移動する機動性能を有するティルトローター機（オスプレイ等）を装備する水陸両用部隊を新編するとともに、洋上の拠点・司令部となり得る艦艇とともに運用が可能となる体制を整える。

なお、戦車・火砲を含む高練度部隊を大規模かつ迅速に展開させるため、既存部隊の編成・運用を機動性の観点から抜本的に見直すとともに、島嶼防衛に資する装備の整備を推進する。

（5）輸送能力の強化

島嶼防衛や大規模災害対処においては、駐屯地・基地等から活動地域への必要な人員や装備の迅速な展開が活動の成否を決するため、陸海空路における自衛隊の輸送能力を大幅に拡充する。特に、訓練環境等に優れた北海道における部隊の配備と練成を重視し、事態に応じて、それらの部隊を迅速に展開させる方策を確保する。

また、実際の活動においては、各種活動を支える装備・機材等も含め、膨大な輸送所要が予想され、これらを短時間で輸送するためには、自衛隊の輸送能力の拡充のみならず、陸海空の民間輸送力を安定的かつ確実に活用し得る有効な仕組みを構築する。

（6）核・弾道ミサイル攻撃への対応能力の強化

日本全国の重要施設等の防護に対応が可能となるよう、BMD機能搭載イージス艦や地上配備のミサイル防衛部隊・装備の拡充を行い、効率的かつ効果的な部隊配備と運用態勢の構築を図る。

その際、日米で共同開発中の能力向上型迎撃ミサイルについて、共同開発の成果を踏まえつつ、可能な限り早期に導入する。また、弾道ミサイル等が実際に発射された場合に備え、政府・地方自治体・国民との間で迅速かつ確実な情報の共有が可能となるよう、Jアラート等の情報伝達体制を強化するとともに、国民保護に万全を期す。

さらに、同盟国による「拡大抑止」の信頼性を一層強固にする観点から、従前から法理上は可能とされてきた自衛隊による「策源地攻撃能力」の保持について、周辺国の核兵器・弾道ミサイル等の開発・配備状況も踏まえつつ、検討を開始し、速やかに結論を得る。

（7）テロ・ゲリコマへの実効的な対処

ゲリラや特殊部隊による原子力発電所などの重要施設への攻撃に実効的に対応し得るよう、自衛隊、警察、海上保安庁及び入国管理局等との間で情報共有を含む連携強化を図るとともに実戦的な共同訓練を定期的に行う。また、これら訓練の成果を踏まえつつ、ゲリラや特殊部隊の攻撃に対する自衛隊の対処能力を強化するため、部隊の更なる機動性の向上や重要施設の防護に適した装備の充実を図るとともに、これら施設への防衛に必要な自衛隊の権限、部隊配置を適切に見直す。

（8）邦人保護・在外邦人輸送能力の強化

　邦人保護の観点から、在外邦人に対する自衛隊による陸上輸送を可能とするための法改正を速やかに実現する。また、派遣国までの輸送を始め、迅速な部隊派遣に即応し得る態勢を確保する。さらに、陸上輸送中の邦人の安全を確実に担保し得るよう、必要な機材・装備の充実を図るとともに、任務遂行のための武器使用権限付与についての検討を加速し、検討結果を踏まえ必要な対応をとる。

（9）東日本大震災への対応を踏まえた災害対処能力の強化

　大規模災害に際しては事態発生後７２時間が人命救助の限界となるとされていることから、予測される南海トラフ巨大地震や首都直下型地震等に迅速に対応し得るよう、マンパワー（人員）を確保するとともに、ヘリなどの輸送力・機動力を充実強化する。

　自衛隊の駐屯地・基地は、災害発生時に部隊の各種活動（指揮・運用・後方支援）のための重要な拠点になることも踏まえ、適切な配置に努めるとともに、駐屯地・基地の運営維持に必要となる事務官等を含む人員の確保に努める。また、駐屯地・基地の津波対策や放射線防護対策ならびに老朽化した庁舎、隊舎等施設の耐震化と自家発電能力整備を早急に進める。

　さらに、緊急時に自衛隊が展開する際の拠点の確保など、地方自治体や地域社会との連携強化を図る。この点、平素より関係省庁及び地方自治体が連携して実践的な訓練を実施し、事態に適切に対処できるよう万全を期す。

(10)サイバー攻撃に係る国際協力の推進・対処能力の強化、法的基盤の整備

サイバー攻撃は、重要な情報通信ネットワークに障害を与えれば甚大な被害や影響を生じさせるものであり、安全保障上の重大な脅威である。こうしたサイバー攻撃への対処能力を強化するため、専門的技能を有する人材の登用を含め、高度な対処能力を備えた人材の育成を強化する。

また、サイバー空間における脅威情報の収集体制及び対処能力の強化を図るとともに、サイバー攻撃に対処するための国際法・国内法上の法的基盤を急ぎ整備する。

(11)安全保障分野での宇宙開発利用の推進

増大する情報通信所要に対応するため、通信衛星など指揮通信分野での宇宙利用を促進するとともに、情報収集・警戒監視分野における宇宙空間の利用を推進する。また、SSA(宇宙状況監視)等の宇宙分野における日米協力を積極的に進め、監視能力の強化を図る。

(12)無人機・ロボット等の研究開発の推進

最新技術に基づく高性能兵器及び大量破壊兵器等が使用される可能性が否定できない近年の安全保障環境や原子力災害を含む大規模災害に対応する有効な手段として、わが国が誇るものづくり技術を生かし、無人機・ロボット、関連するソフトウェア等の研究開発を推進する。

(13)装備品の高可動率の確保

事態対処において自衛隊がシームレスに対応するためには、即応かつ継続的に活動できる運用基盤が極めて重要である。このため、平素より十分な維持修理費を確保する。

また、予算の確保に加え、より効率的な整備補給態勢の確立も可動率向上の方策として有効であ

るため、新たな調達方式の導入を推進する等、総合的な観点から装備品の可動率向上に努める。

4．日米安全保障体制（略）

5．国際及び日本周辺の環境安定化活動の強化（略）

6．大幅な防衛力の拡充

（1）自衛隊の人員・装備・予算の大幅な拡充

厳しさを増す安全保障環境に対応し得る防衛力の量的、質的増強を図るため、自衛隊の人員（充足率の向上を含む）・装備・予算を継続的に大幅に拡充する。

持続的かつ安定的な自衛隊の活動を可能とするため、常備自衛官と予備自衛官の果たす役割を十分に勘案し、海上及び航空自衛隊における予備自衛官の制度の見直しを含め、実効性のある「予備自衛官制度」を実現する。

（2）中長期的な財源確保

防衛は国家存立の基盤であることから、「大綱」に定める防衛力整備を着実に実現するため、諸外国並の必要な防衛関係費を確保する。また、米軍再編経費など本来、政府全体でまかなうべき経費については、防衛関係費の枠外とすることにより、安定的な防衛力整備を実現する。

（3）統合運用ニーズを踏まえた中長期的視点にたった防衛力整備

今日の国内外の状況を踏まえた防衛力整備を行うにあたっては、統合運用を基本とする防衛力を重視する。そのために各種の統合オペレーションの結果を精密に分析評価し、不断に統合運用体制の改善を図り、より実効的な防衛力整備を実現する。

7．防衛力の充実のための基盤の強化（略）

四　おわりに（略）

# あとがき

二〇一三年の憲法記念日、新聞各社の世論調査で憲法を「改正すべきだと思う」の回答が「思わない」をいずれも上回った。その理由はさまざまだ。「制定から半世紀以上が経過し、現状に合わない」「自衛隊を憲法で位置づけるべきだ」「環境権の規定がないのはおかしい」などなど。いずれも現行憲法の手直しをイメージして回答したようにみえる。

しかし、世論の圧倒的な支持を受けている安倍政権が目指す自民党憲法は、「国のかたち」をがらりと変え、支持した国民の生活を一変させることをどれほどの人が理解しているだろうか。安倍政権が支持されている理由は、アベノミクスによる円安、株高によって輸出産業が好調になり、自分たちの暮らしがよくなる期待があるから、というのが大半ではないだろうか。

実際に私たちの生活はどうか。円安による物価高が生活を圧迫し始めている。国債の利回りが上がり続ければ、いずれ国債は暴落し、日本経済は回復不能の事態に陥ることも予想される。経済・財政を理由にした高い支持率は、急落するのも早い。

二〇一四年に予定される消費税の引き上げも景気を冷え込ませる原因になり得る。

安倍首相の視線は意外に近いところにありそうだ。すなわち夏の参議院選挙後である。改憲勢力の結集、憲法解釈の変更による集団的自衛権の行使容認など、驚くほどの早さで次々に手を打ってくるのではないだろうか。尖閣諸島の問題が火を噴けば、いきなり憲法九条の改定を発議するかも知れない。

そのときに私たちは熱しやすく、議論が苦手な国民性をうらむことになるのでは、とひそかに未来を心配している。

憲法は「国のかたち」を規定する国の基本である。このところ毎年代わる日本の首相のように、コロコロ変わっては憲法の意味をなさない。為政者に都合よく憲法が変われば、国際的な信用もがた落ちするだろう。

安倍首相はなぜ、戦後の日本を否定するのか。戦前のような日本を取り戻し、世界から孤立すれば満足なのか。彼は今こそ本心を語るときだと思う。語らないなら、私たちは国政選挙を通じて、その意思を示すしかない。

「あのころはよかったらしい」。そんな嘆き節を私たちの子孫から聞きたくはない。今ここで、私たちの手で暴走をとめなければならない。

二〇一三年六月

半田　滋

【二刷発行に際して】

安倍首相は二〇一三年八月、地元の山口県で開かれた自身の後援会主催の夕食会で、「憲法改正に向けて頑張っていく。これが私の歴史的な使命だ」と述べた。参議院選挙の前まで本音を隠した反動だろうか、強い調子で歴史的使命と言い切った。国会でその認識のおかしさを指摘されても「侵略の定義はさだまっていない」と強弁し、国家護持のシンボルとされた靖国神社に玉串料を納めた安倍首相が使命感をもって改憲に望むというのだ。

戦前のような古い日本を取り戻し、再び国家のために命を捧げる国民をつくる企みに対し、いまこそ明確に「反対」の意思を示す必要がある。少しずつ自由が奪われ、声さえ上げることができなくなる、そんな日が来る前に。

（二〇一三年八月二十日）

半田　滋（はんだ・しげる）

1955年、栃木県宇都宮市生まれ。下野新聞社を経て、91年中日新聞社入社、東京新聞編集局社会部記者を経て、2007年8月より編集委員。11年1月より論説委員兼務。1993年防衛庁防衛研究所特別課程修了。92年より防衛庁取材を担当。

2004年中国が東シナ海の日中中間線付近に建設を開始した春暁ガス田群をスクープした。07年、東京新聞・中日新聞連載の「新防人考」で第13回平和・協同ジャーナリスト基金賞（大賞）を受賞。

著書に『防衛融解　指針なき日本の安全保障』（旬報社）、『「戦地」派遣　変わる自衛隊』（岩波新書）＝09年度日本ジャーナリスト会議（JCJ）賞受賞、『自衛隊vs北朝鮮』（新潮新書）、『闘えない軍隊』（講談社＋α新書）など。

**集団的自衛権のトリックと安倍改憲**

●二〇一三年　七　月二五日——第一刷発行
●二〇一四年　五　月一五日——第四刷発行

著　者／半　田　滋
発行所／株式会社　高　文　研
東京都千代田区猿楽町二―一―八
三恵ビル（〒一〇一＝〇〇六四）
電話　03＝3295＝3415
振替　00160＝6＝18956
http://www.koubunken.co.jp

組版／WebD（ウェブ・ディー）
印刷・製本／シナノ印刷株式会社



ISBN978-4-87498-522-9　C0036